中国建筑学会室内设计分会推荐
高等院校环境艺术设计专业指导教材

材料与构造·下·

（景观部分）

詹旭军　吴珏　编著

中国建筑工业出版社

图书在版编目（CIP）数据

材料与构造·下·（景观部分）/詹旭军、吴珏编著. —北京：中国建筑工业出版社，2006

中国建筑学会室内设计分会推荐. 高等院校环境艺术设计专业指导教材

ISBN 978-7-112-08557-6

Ⅰ.材… Ⅱ.①詹… ②吴… Ⅲ.景观-园林设计-建筑材料-高等学校-教材 Ⅳ.TU5

中国版本图书馆CIP数据核字（2006）第099626号

中国建筑学会室内设计分会推荐
高等院校环境艺术设计专业指导教材
材料与构造·下·
（景观部分）
詹旭军　吴珏　编著

*

中国建筑工业出版社出版、发行（北京西郊百万庄）
各地新华书店、建筑书店经销
北京金海中达技术开发公司排版
北京云浩印刷有限责任公司印刷

*

开本：787×1092毫米　1/16　印张：10　字数：244千字
2006年12月第一版　2014年9月第四次印刷
定价：**25.00**元
ISBN 978-7-112-08557-6
（15221）

本社网址：http://www.cabp.com.cn
网上书店：http://www.china-building.com.cn

本书主要针对景观施工中，采用不同材料和不同构造方式进行归纳，说明各种构造方式中材料的运用。第二章透水构造在景观设计中运用较为广泛，它有利于蓄水、排水，对生态循环有利。本章中重点介绍了草地、砂、碎石及砾石地面的构造方式。第三章硬质构造涉及到各种级别路面、广场。本章针对多种材料的不同特性和与之相对应的构造方式进行了叙述。第四章围护构造将围墙、围栏和挡土墙作为典型构造进行了介绍。第五章边缘构造涉及两种或多种材料相结合处的构造处理。本章重点介绍了建筑边缘、硬质铺地边缘和水体维护边缘。第六章水池构造对景观水池的形态、构成和游泳池的构造通过实例进行介绍。第七章重点介绍了木质花架的样式及构造方式。此外，书后附有石材基础知识和木材基础知识。全书理论实际相结合，可供教学和工程设计、施工使用。

* * *

责任编辑：郭洪兰
责任设计：董建平
责任校对：张树梅　王雪竹

出版说明

中国的室内设计教育已经走过了四十多年的历程。1957年在中国北京中央工艺美术学院（现清华大学美术学院）第一次设立室内设计专业，当时的专业名称为“室内装饰”。1958年北京兴建十大建筑，受此影响，装饰的概念向建筑拓展，至1961年专业名称改为“建筑装饰”。实行改革开放后的1984年，顺应世界专业发展的潮流又更名为“室内设计”，之后在1988年室内设计又进而拓展为“环境艺术设计”专业。据不完全统计，到2004年，全国已有600多所高等院校设立与室内设计相关的各类专业。

一方面，以装饰为主要概念的室内装修行业在我们的国家波澜壮阔般地向前推进，成为国民经济支柱性产业。而另一方面，在我们高等教育的专业目录中却始终没有出现“室内设计”的称谓。从某种意义上来讲，也许是20世纪80年代末环境艺术设计概念的提出相对于我们的国情过于超前。虽然十数年间以环境艺术设计称谓的艺术设计专业，在全国数百所各类学校中设立，但发展却极不平衡，认识也极不相同。反映为理论研究相对滞后，专业师资与教材缺乏，各校间教学体系与教学水平存在着较大的差异，造成了目前这种多元化的局面。出现这样的情况也毫不奇怪，因为我们的艺术设计教育事业始终与国家的经济建设和社会的体制改革发展同步，尚都处于转型期的调整之中。

设计教育诞生于发达国家现代设计行业建立之后，本身具有艺术与科学的双重属性，兼具文科和理科教育的特点，属于典型的边缘学科。由于我们的国情特点，设计教育基本上是脱胎于美术教育。以中央工艺美术学院（现清华大学美术学院）为例，自1956年建校之初就力戒美术教育的单一模式，但时至今日仍然难以摆脱这种模式的束缚。而具有鲜明理工特征的我国建筑类院校，在创办艺术设计类专业时又显然缺乏艺术的支撑，可以说两者都处于过渡期的阵痛中。

艺术素质不是象牙之塔的贡品，而是人人都必须具有的基本素质。艺术教育是高等教育整个系统中不可或缺的重要环节，是完善人格培养的美育的重要内容。艺术设计虽然是以艺术教育为出发点，具有人文学科的主要特点，但它是横跨艺术与科学之间的桥梁学科，也是以教授工作方法为主要内容，兼具思维开拓与技能培养的双重训练性专业。所以，只有在国家的高等学校专业目录中：将“艺术”定位于学科门类，与“文学”等同；将“艺术设计”定位于一级学科，与“美术”等同。随之，按照现有的社会相关行业分类，在艺术设计专业下设置相应的二级学科，环境艺术设计才能够得到与之相适应的社会专业定位，惟有这样才能赶上迅猛发展的时代步伐。

由于社会发展现状的制约，高等教育的艺术设计专业尚没有国家权威的管理指导机构。“中国建筑学会室内设计分会教育工作委员会”是目前中国惟一能够担负起指导环境艺术设计教育的专业机构。教育工作委员会近年来组织了一系列全国范围的专业交流活动。在活动中，各校的代表都提出了编写相对统一的专业教材的愿望。因为目前已经出版的几套教材都是以单个学校或学校集团的教学系统为蓝本，在具体的使用中缺乏普遍的指导意义，适应性较弱。为此，教育工作委员会组织全国相关院校的环境艺术设计专业教育专家，编写了这套具有指导意义的符合目前国情现状的实用型专业教材。

中国建筑学会室内设计分会教育工作委员会

2006年12月

前　言

艺术设计专业是横跨于艺术与科学之间的综合性、边缘性学科。艺术设计产生于工业文明高速发展的20世纪。具有独立知识产权的各类设计产品，成为艺术设计成果的象征。艺术设计的每个专业方向在国民经济中都对应着一个庞大的产业，如建筑室内装饰行业、服装行业、广告与包装行业等。每个专业方向在自己的发展过程中无不形成极强的个性，并通过这种个性的创造，以产品的形式实现其自身的社会价值。从环境生态学的认识角度出发，任何一门艺术设计专业方向的发展都需要相应的时空，需要相对丰厚的资源配置和适宜的社会政治、经济、技术条件。面对信息时代和经济全球化，世界呈现时空越来越小的趋势，人工环境无限制扩张，导致自然环境日益恶化。在这样的情况下，专业学科发展如不以环境生态意识为先导，走集约型协调综合发展的道路，势必走入死胡同。

随着20世纪后期由工业文明向生态文明的转化，可持续发展思想在世界范围内得到共识并逐渐成为各国发展决策的理论基础。环境艺术设计的概念正是在这样的历史背景下从艺术设计专业中脱颖而出的，其基本理念在于设计从单纯的商业产品意识向环境生态意识的转换，在可持续发展战略总体布局中，处于协调人工环境与自然环境关系的重要位置。环境艺术设计最终要实现的目标是人类生存状态的绿色设计，其核心概念就是创造符合生态环境良性循环规律的设计系统。

环境艺术设计所遵循的绿色设计理念成为相关行业依靠科技进步实施可持续发展战略的核心环节。

国内学术界最早在艺术设计领域提出环境艺术设计的概念是在20世纪80年代初期。在世界范围内，日本学术界在艺术设计领域的环境生态意识觉醒的较早，这与其狭小的国土、匮乏的资源、相对拥挤的人口有着直接的关系。进入80年代后期国内艺术设计界的环境意识空前高涨，于是催生了环境艺术设计专业的建立。1988年当时的国家教育委员会决定在我国高等院校设立环境艺术设计专业，1998年成为艺术设计专业下属的专业方向。据不完全统计，在短短的十数年间，全国有400余所各类高等院校建立了环境艺术设计专业方向。进入21世纪，与环境艺术设计相关的行业年产值就高达人民币数千亿元。

由于发展过快，而相应的理论研究滞后，致使社会创作实践有其名而无其实。决策层对环境艺术设计专业理论缺乏基本的了解。虽然从专业设计者到行政领导都在谈论可持续发展和绿色设计，然而在立项实施的各类与环境有关的工程项目中却完全与环境生态的绿色概念背道而驰。导致我们的城市景观、建筑与室内装饰建设背离了既定的目标。毫无疑问，迄今为止我们人工环境（包括城市、建筑、室内环境）的发展是以对自然环境的损耗作为代价的。例如：光污染的城市亮丽工程；破坏生态平衡的大树进城；耗费土地资源的小城市大广场；浪费自然资源的过度装修等等。

党的十六大将“可持续性发展能力不断增强，生态环境得到改善，资源利用效率显著提高，促进人与自然的和谐，推动整个社会走上生产发展、生活富裕、生态良好的文明发展道路”作为全面建设小康社会奋斗目标的生态文明之路。环境艺术设计正是从艺术设计学科的角度，为实现宏大的战略目标而落实于具体的重要社会实践。

“环境艺术”这种人为的艺术环境创造，可以自在于自然界美的环境之外，但是它又不可能脱离自然环境本体，它必须植根于特定的环境，成为融合其中与之有机共生的艺术。可以这样说，环境艺术是人类生存环境的美的创造。

“环境设计”是建立在客观物质基础上，以现代环境科学研究成果为指导，创造理想生存空间的工作过程。人类理想的环境应该是生态系统的良性循环，社会制度的文明进步，自然资源的合理配置，生存空间的科学建设。这中间包含了自然科学和社会科学涉及的所有研究领域。

环境设计以原在的自然环境为出发点，以科学与艺术的手段协调自然、人工、社会三类环境之间的关系，使其达到一种最佳的运行状态。环境设计具有相当广的含义，它不仅包括空间实体形态的布局营造，而且更重视人在时间状态下的行为环境的调节控制。

环境设计比之环境艺术具有更为完整的意义。环境艺术应该是从属于环境设计的子系统。

环境艺术品创作有别于单纯的艺术品创作。环境艺术品的概念源于环境生态的概念，即它与环境互为依存的循环特征。几乎所有的艺术与工艺美术门类，以及它们的产品都可以列入环境艺术品的范围，但只要加上环境二字，它的创作就将受到环境的限定和制约，以达到与所处环境的和谐统一。

“环境艺术”与“环境设计”的概念体现了生态文明的原则。我们所讲的“环境艺术设计”包括了环境艺术与环境设计的全部概念。将其上升为“设计艺术的环境生态学”，才能为我们的社会发展决策奠定坚实的理论基础。

环境艺术设计立足于环境概念的艺术设计，以“环境艺术的存在，将柔化技术主宰的人间，沟通人与人、人与社会、人与自然间和谐的、欢愉的情感。这里，物（实在）的创造，以它的美的存在形式在感染人，空间（虚在）的创造，以他的亲切、柔美的气氛在慰藉人〔1〕。”显然环境艺术所营造的是一种空间的氛围，将环境艺术的理念融入环境设计所形成的环境艺术设计，其主旨在于空间功能的艺术协调。“如 Gorden Cullen 在他的名著《Townscape》一书中所说，这是一种‘关系的艺术’（art of relationship），其目的是利用一切要素创造环境：房屋、树木、大自然、水、交通、广告以及诸如此类的东西，以戏剧的表演方式将它们编织在一起〔2〕。”诚然环境艺术设计并不一定要创造凌驾于环境之上的人工自然物，它的设计工作状态更像是乐团的指挥、电影的导演。选择是它设计的方法，减法是它技术的常项，协调是它工作的主题。可见这样一种艺术设计系统是符合于生态文明社会形态的需求。

目前，最能够体现环境艺术设计理念的文本，莫过于联合国教科文组织实施的《保护世界文化和自然遗产合约》。在这份文件中，文化遗产的界定在于：自然环境与人工环境、

---

〔1〕 潘昌侯：我对“环境艺术”的理解，《环境艺术》第1期5页，中国城市经济社会出版社 1988 年版。
〔2〕 程里尧：环境艺术是大众的艺术，《环境艺术》第1期4页，中国城市经济社会出版社 1988 年版。

美学与科学高度融汇基础上的物质与非物质独特个性体现。文化遗产必须是“自然与人类的共同作品”。人类的社会活动及其创造物有机融入自然并成为和谐的整体，是体现其环境意义的核心内容。

根据《保护世界文化和自然遗产合约》的表述：文化遗产主要体现于人工环境，以文物、建筑群和遗址为《世界遗产名录》的录入内容；自然遗产主要体现于自然环境，以美学的突出个性与科学的普遍价值所涵盖的同地质生物结构、动植物物种生态区和天然名胜为《世界遗产名录》的录入内容。两类遗产有着极为严格的收录标准。这个标准实际上成为以人为中心理想环境状态的界定。

文化遗产界定的环境意义，即：环境系统存在的多样特征；环境系统发展的动态特征；环境系统关系的协调特征；环境系统美学的个性特征。

环境系统存在的多样特征：在一个特定的环境场所，存在着物质与非物质的多样信息传递。自然与人工要素同时作用于有限的时空，实体的物象与思想的感悟在场所中交汇，从而产生物质场所的精神寄托。文化的底蕴正是通过环境场所的这种多样特征得以体现。

环境系统发展的动态特征：任何一个环境场所都不可能永远不变，变化是永恒的，不变则是暂时的，环境总是处于动态的发展之中。特定历史条件下形成的人居文化环境一旦毁坏，必定造成无法逆转的后果。如果总是追随变化的潮流，终有一天生存的空间会变成文化的沙漠。努力地维持文化遗产的本原，实质上就是为人类留下了丰富的文化源流。

环境系统关系的协调特征：环境系统的关系体现于三个层面，自然环境要素之间的关系；人工环境要素之间的关系；自然与人工的环境要素之间的关系。自然环境要素是经过优胜劣汰的天然选择而产生的，相互的关系自然是协调的；人工环境要素如果规划适度、设计得当也能够做到相互的协调；惟有自然与人工的环境要素之间要做到相互关系的协调则十分不易。所以在世界遗产名录中享有文化景观名义的双重遗产凤毛麟角。

环境系统美学的个性特征：无论是自然环境系统还是人工环境系统，如果没有个性突出的美学特征，就很难取得赏心悦目的场所感受。虽然人在视觉与情感上愉悦的美感，不能替代环境场所中行为功能的需求。然而在人为建设与环境评价的过程中，美学的因素往往处于优先考虑的位置。

在全部的世界遗产概念中，文化景观标准的理念与环境艺术设计的创作观念比较一致。如果从视觉艺术的概念出发，环境艺术设计基本上就是以文化景观的标准在进行创作。

文化景观标准所反映的观点，是在肯定了自然与文化的双重含义外，更加强调了人为有意的因素。所以说，文化景观标准与环境艺术设计的基本概念相通。

文化景观标准至少有以下三点与环境艺术设计相关的含义：

第一，环境艺术设计是人为有意的设计，完全是人类出于内在主观愿望的满足，对外在客观世界生存环境进行优化的设计。

第二，环境艺术设计的原在出发点是“艺术”，首先要满足人对环境的视觉审美，也就是说美学的标准是放在首位的，离开美的界定就不存在设计本质的内容。

第三，环境艺术设计是协调关系的设计，环境场所中的每一个单体都与其他的单体发生着关系，设计的目的就是使所有的单体都能够相互协调，并能够在任意的位置都以最佳的视觉景观示人。

以上理念基本构成了环境艺术设计理论的内涵。

鉴于中国目前的国情，要真正完成环境艺术设计从书本理论到社会实践的过渡，还是一个十分艰巨的任务。目前高等学校的环境艺术设计专业教学，基本是以“室内设计”和“景观设计”作为实施的专业方向。尽管学术界对这两个专业方向的定位和理论概念还存在着不尽统一的认识，但是迅猛发展的社会是等不及笔墨官司有了结果才前进的。高等教育的专业理念超前于社会发展也是符合逻辑的。因此，呈现在面前的这套教材，是立足于高等教育环境艺术设计专业教学的现状来编写的，基本可以满足一个阶段内专业教学的需求。

中国建筑学会室内设计分会
教育工作委员会主任：郑曙旸
2006年12月

目　录

第一章　绪　　论

材料是构成景观的基本元素，了解材料的各种属性和构造应用是成为一个合格的景观设计师的基本素养。为深入理解在景观设计中如何正确选用各种材料及构造做法，在本章首先就材料的属性作一个介绍。

一、材料的情感反映

不同的材料具有不同的质感或纹理及色彩，当这些差异和人们的生活经验相作用时，就会引起人们不同的生理和心理感受。

下面以石头和植物两种常见的景观材料为例来说明这个问题。

1. 石头材料的情感反映。

石头的视觉感受。石头的色彩、质感乃至其所形成的图案都会给人独特的景观感受。特别是光线变化的时候，其沉寂的色彩和质感具有软硬两种相矛盾的感觉。石头的表面仿佛陈述着自己形成的过程，例如沉积岩能看到一层一层的沉积，给人们感觉到其所亲历的苍桑变化，仿佛在诉说着什么是永恒。独具形态的石头在景观中还可以自成一景，例如：江南园林中的“四大名石”——上海豫园的玉玲珑、杭州花圃的皱云峰、苏州第十中学的瑞云峰和留园的冠云峰”都是一石成景的。它们或玲珑剔透，或如白云堆积，或如少女般婀娜多姿，经历历朝历代文人的赏玩和讴歌，还承载了许多文化和意境，使现代的观赏者浮想联翩。又如：日本枯山水园林中的石头，以气势取胜，一块石头可能给人感觉就是大海中的一个岛屿或者茫茫大洋中的陆地，在禅宗建筑意念的烘托下，游览者也许会心如止水，杂念顿消。

触摸石头的感受（图 1－1）。触摸质感较细腻的页岩或粗糙的石灰岩，能使人联想到石头的形成过程。触摸较为松软的石材，当砂砾从手指间滑落的时候，对比脚下生硬的石头，人们可以理解到沙和土壤的形成过程。

石头的声音。景观中的石材较其他材料的优势在于能够创造回声。孩子或者有童心的人喜欢这种回音。景观溪流中水流经过石头会发出令人愉悦的潺潺声。

石头的气味。石头是自然的产物，这种自然的材料在潮湿的地方常常会长有地衣或者苔藓等植物，从而会散发出气味。这种气味有时候是令人愉悦的，而在有时候又会令人厌恶。

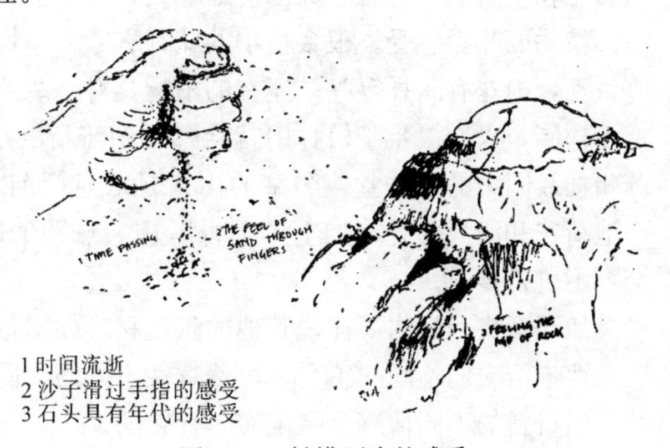

1 时间流逝
2 沙子滑过手指的感受
3 石头具有年代的感受

图 1－1　触摸石头的感受

2. 植物材料的情感反映。

植物的视觉感受。景观中的植物是景观中变化最为多样的，其类型、色彩、组成的图案、自身的纹理和质感都成为设计师赖以创造多样性景观的素材。除了不同类型的植物材料的变化之外，作为有生命的材料，每株植物无时无刻不在发生着变化。许多设计师喜欢利用植物秋天的色彩来营造绚丽的景色，也有的喜欢利用春季百花盛开的景象创造景观。原因就是秋天的色彩能给人带来秋季丰收的喜悦之感（图1-2），多愁善感的人们可能会因为秋季的枫叶凋零而感伤，正如古人所说“春女思而秋士悲”、“梧桐一叶而天下知秋”；春天的景象则给人欣欣向荣的喜悦之感，使生活在都市空调中的人们深深理解到大地回春、万物复苏。

图1-2 银杏秋季的色彩

植物的触觉感受。许多植物的质感会吸引人们去触摸它们。比如北方的桦木有着光滑而富有韧性的树皮，人们漫步在白桦林中，都会忍不住去触摸光滑的树皮。因为这种树皮纤维发达，撕下成块的树皮可以在背面写字，许多情侣就用在桦木树皮上写上对对方的爱慕之词来传递爱意。当人们采摘果实的时候，那种激动和喜悦之情也是难以言表的。时下许多生态农庄和观光农业园的兴起就是通过这种方式来吸引游人的。

植物的声响感受。植物在风的作用下会发出各种声响，其中许多是令人愉悦的，也有很多让人不喜欢的。风吹杨树会产生哗啦啦的响声，特别是北方杨树较多的地区这种声音时常可以听到，通常这种声音人们都会觉得悦耳，游历南方的公园或者街道上偶尔听到这种声音也会引发对故乡的思念。当风吹过干枯的树梢时，发出呜呜的声音会让人联想到冬季刺骨的寒风，令人不寒而栗。风吹过松林的呼啸声也是一种奇特的声音，人们称之为“松涛”。承德避暑山庄的“万壑松风”就是一个专门聆听松涛的地方，松涛的声音使人觉得自己在与自然进行着心灵的沟通。

植物的味觉感受。很多植物的花都有令人愉快的香气，例如荷花有清香，桂花和沙枣有浓香，梅花有暗香等等；还有的植物具有一些能够挥发气味的器官，如松树的树脂道会挥发松脂，人们漫步于松林中就会感受到清新的空气中带着淡淡的松香，令人身心愉快。苏州拙政园中的远香堂，名字的由来是取意门前水池中的荷花“香远益清”。半亩方塘、一池荷花和淡淡的香味加上“远香”这一点题的匾额给人无穷的意境，它的意味只可意会，不可言传。

如同石头和植物一样，其他的景观材料如木材、砖、水、金属等等也都因为它们的各种属性带给人们不同的感受，虽然感性不同的人们各自的感受和理解相差很大是勿庸置疑的，但材料的不同情感反映确实是存在的。

二、材料与构造、形态的关系

不同材料的力学特征，导致其所可用于塑造的建筑与景观构件类型不同，形态差异也较大。

中国古代建筑中的绝大多数是木构建筑。其最为典型的结构形式是：底部是夯土筑成一定高度的台基，台上布以长方形平面的柱网，其木柱与木梁由榫卯结构互相连接，形成复杂稳固的抬梁式木构架。柱间竖以幕墙，由于承重完全依赖于柱梁体系，因此墙不承重。柱梁承重体系可以提供大跨度的无隔断空间，门窗可自由安排，并可令建筑平面向各方向进行延伸扩建（见图1-3）。

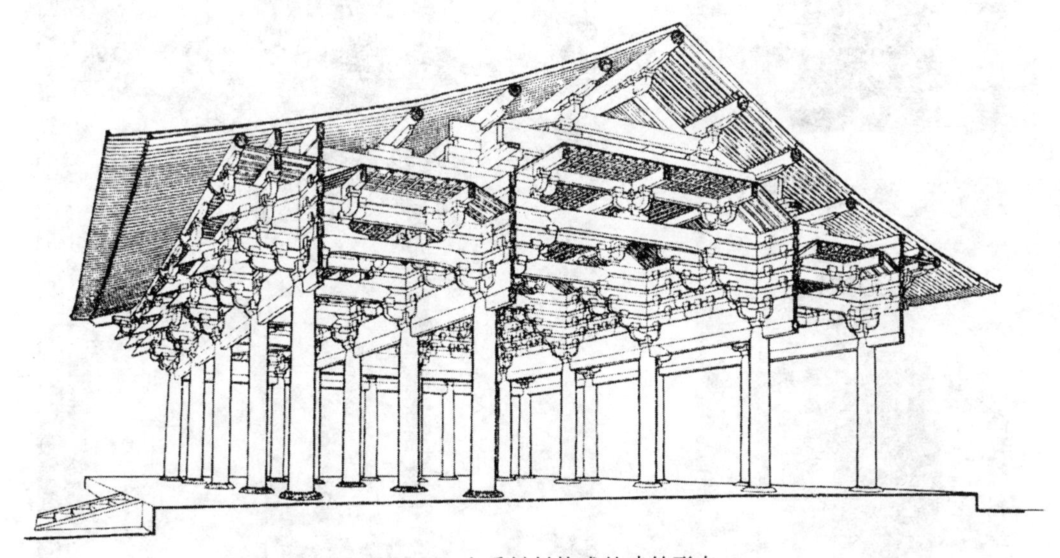

图1-3　木质材料构成的建筑形态

在日本佛教的神祠建筑中，屋面的一个重要组成部分斗栱是用来装饰游廊券底并支撑出挑屋檐的裸露在外的小支撑构件。斗栱通常由一系列木块或者支撑体组成，它们朝上弯曲，一直延伸到柱头垫木为止（见图1-4）。

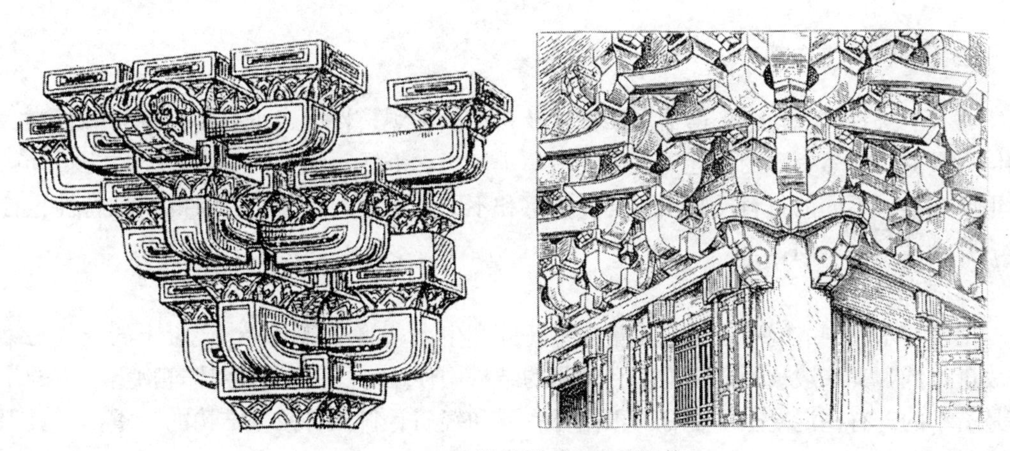

图1-4　木质材料形成的结构形体

从古罗马时期开始，券形的石屋顶或拱一直是建筑中的关键要素。其最简单的形式是：在两排平行的墙上，沿向上方向所砌的每块石头，其形状和位置逐渐向内互相倾斜，最终交汇并连接于一块中央的券心石。当它建于地面建筑中的时候，为了支承其自身，拱的重量（当它向外推同时向下压着）必须通过墙体结构转移到地面，如果有需要，这种转移可以通过扶壁来解决（见图1－5、图1－6）。

图1－5　石材形成的结构形态

图1－6　石材所形成的结构形态

三、材料的生态观

材料的选择过程包含了寿命周期分析及费用、美观、性能、可获得性等常规标准，而如何尽量减少自然资源的消耗为人们创造一个健康、舒适、无害的空间，已成为设计的一项重要标准。不同的材料反映出不同的情感和不同的生态观，其所具有的物理特性也往往影响着设计师的取向。

1. 混凝土

把普通水泥制成混凝土需要大量能量，并产生大量的二氧化碳。混凝土的空气污染物排放量很低，其一般被限制在地基和封闭的结构中使用，这些地方在建筑物空气中的暴露都是最小的。有些混凝土中含有可再循环骨料和轻质骨料，可减轻结构的自重，并具保温效果。

2. 砖石

砖石制品是用混凝土或黏土按照不同类型的标准加上轻质骨料制成，也可采用开采的石料。大多数砖石制品可用硅酸盐水泥、沙子和石灰调制成的砂浆安装。

(1) 用膨胀骨料制成的轻质混凝土砌块和砖可以减轻结构重量和增加保温效果。

(2) 由废料和再循环成分制成的砖或块状制品应防止污染物引起的对健康或环境污染问题。而由废木纤维和其他再循环成分构成的空心砌块则可以循环利用，对环境的影响也较小。

(3) 可再循环利用玻璃砌块则可以回收再利用，属于可再生材料。

总的来说，砖石制品产生的空气污染很小，如果需要密封材料挡水，采用低挥发性的防水材料比溶剂型的材料更安全。

3. 金属

钢材是建材中最常用的金属材料，它是可以再循环的，而且边角料也有价值。第二种常用金属是铝，是建筑中最具可循环价值的金属。不锈钢和铜都是再循环价值很高的材料。

金属制品没有室内空气污染的问题，但是需要抛光、清洁和重新油漆的制品除外。

4. 木材和塑料

木材是较常用的材料。在结构和室内装饰中使用的木材主要来自国内，用于家具、门和专用木制机械的木料一般从热带进口。合理地利用森林资源对于维护可持续的开发木材资源具有重要的意义，对于自然生态的保护也有很大影响。

塑料由不可再生的石油或天然气原料制成。在它们的生产过程中会涉及到有毒的和可能有危险的物质，所以需要合理地使用以免产生不利影响。

有些木制品在生产过程中需要使用粘合剂，它释放到室内空气中的污染物相当多。用外粘型的粘合剂制成的木制品的污染物排放量很低。木材的合理使用及处理会大大降低生产过程中对环境的影响。

材料的选择对环境所产生的影响是很大的，材料的生态性与环境紧密相连。合理地使用材料和利用材料的生态性进行设计成为设计中的重要组成部分而不可或缺。

第二章 透水构造

第一节 草 地

透水构造就是通过特定的构造形式使雨水渗透入泥土保持地表水量的平衡。这种构造中应注重对柔性垫层的处理。

在进行景观设计的过程中，特别是对流域场地的设计，任何不适当的改动都可能改变原有的流域状态，进而影响水资源的循环和平衡。透水性的构造对整个区域生态循环的协调起着重大作用：首先，通过自然渗透过程来恢复土壤、植被和地下水的补充、净化和储存功能；减少地表径流、减少洪水流量；降低地表径流的流速，推迟洪峰到来的时间，达到降低自然灾害的影响。其次，土壤中有大量孔隙，可以作为热量存储与释放的重要媒介，从而降低地表温度的波动。最后，柔性垫层是众多物质与能量完成自然、生物、生态过程的重要媒介。在一个受到保护的流域，理想的状况是土壤吸收雨水并使其成为生态系统的一部分，污染物在含间隙和腐殖质的土壤过滤时被转化。在较低洼的地带，土壤的水分渗透到地下水中，一部分地下水进入地表的排水道、河流和湿地，排水渠道和河流两岸的稳定植被能过滤流入的地表径流，防止土壤侵蚀，同时创造适于水生生态系统的小环境。本章分别对草地、砂、碎石及砾石地面和砌块地面的透水性构造进行介绍。

草地又称为草坪，是人工铺植草皮或者播种培养的，经过细心修剪维护，用以覆盖地面的绿色毡毯。在英文中草坪被通称为“Turf”，经过精细建植和管理的漂亮草坪则被称为“Lawn”。由于草坪与草原、牧场的天然草地或人工草地有明显区别，为了统一科学名词，1979年在北京召开的全国园林学术会议，正式确定了“草坪”一词。在这里我们把草地分为两种类型：自然草地和运动草地。这里的自然草地是指景观中的观赏草地或者供休息、散步或者用来保持和防止水土流失的草地，是相对运动草地而言的；而运动草地是指在景观中专门供人们在上面从事健身活动的草地。草坪的建植和一般的硬质构造相比较为复杂，因为要考虑到草坪植物的生长，需要考虑在表层覆上营养土，并且为了防止人践踏造成土壤板结，还要在土壤中掺入细沙改良土壤。此外，还要安排合理的排灌系统（见图2-1）。

常见应用的草坪植物一般有：高羊茅、天堂草（杂交狗牙根）、黑麦草、匍匐剪股颖、雀稗、紫羊茅、羊胡子草、野牛草、草地早熟禾、马尼拉结缕草、假俭草、马蹄金、白三叶等。根据草坪植物受季节影响的生长变化，人们将草坪植物分为两类：暖季型草坪和冷季型草坪。前者如马尼拉结缕草、中华结缕草、天堂草等，一般春季萌芽变绿，夏季是其主要观赏期；后者如高羊茅、黑麦草、早熟禾等，一般秋季萌芽，冬季是其主要观赏期。所以为了保持草坪的四季常绿，通常需要把两种类型的草坪植物混播。而像马蹄金、白三叶等双子叶草坪植物基本可以保持四季常绿，但基本上不能践踏，而且由于营养丰富容易滋生虫害，一般情况下只能用作特殊地段的单纯观赏草坪。

图 2-1　人工维护的草地

一、自然草地

自然草地是景观中的重要组成部分之一，在大部分景观中都承担着美化环境、覆盖地面的功能，同时也是人们休息和游览的重要活动场所，如图 2-2 所示。

图 2-2　公园中的自然草地

自然草地的建植因为要求不高，较为简单。需要注意的一点是由于我国长江以南地区以红壤土为主，土壤黏性较大，透水性差、易板结，如果经过践踏以后特别容易退化。所以，为了增加土壤的通透性需要对土壤进行改良，通常的做法就是在表层的种植土中掺入细砂。最上层的草坪可以采取铺草皮、播种和撒草径，其中后两种需要在草坪表层覆砂或土。一般绿地草坪的建植断面构造见图 2－3a 及图 2－3b。

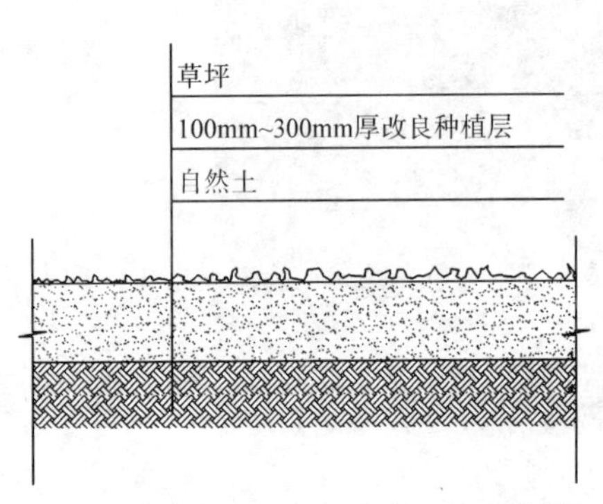

图 2－3a　一般草坪坪床断面构造大样

图 2－3b　一般绿地草地图例

二、运动草地

常见的运动草地一般有足球场、高尔夫球场、草地保龄球场、草地网球场和草地赛马场。由于比赛规则和运动类型的不同导致对草地的建造要求和构造要求不同，下面对这几种类型的运动草地的构造形式作一介绍。

1. 足球场

按照足球场草坪使用的特点，对其场地排水有严格的要求。要求即使遇到大暴雨，也能及时将积水排出而不影响比赛及草坪的生长，这就决定了其坪床结构的特殊性。足球场坪床由种植层、隔离层、碎石层、素土夯实层组成（如图 2－4a 及图 2－4b 所示）。

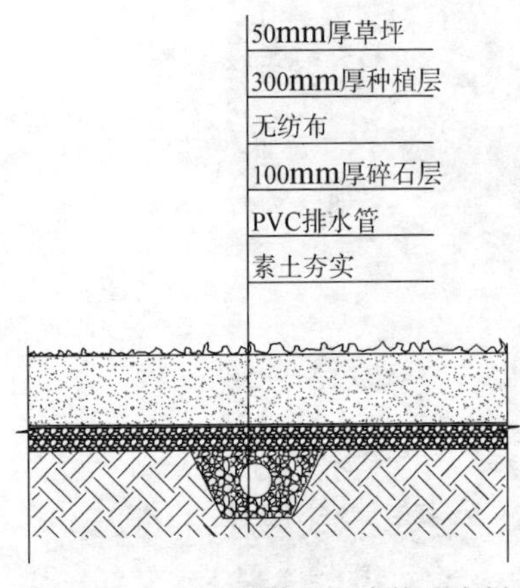

图 2－4a　足球场草坪坪床构造大样

图 2－4b　大型体育场地草地

1）种植层

种植层为草坪草提供了生存条件。因而营养土的配比对草坪草的生长非常重要，根据不同的要求，种植层营养土的配比可以分为两种。

（1）专业足球场：专业足球场使用频率较小，并有较好的专业管理水平。故这种种植层的营养土配比应为：河砂（ϕ1.5mm～2.5mm）75%、细壤土10%、土壤改良剂8%、沸石4%、复合肥＋磷肥3%。此外，坪床表面要保持0.5%的坡度，以利于排水。这样的种植层可保证排水迅速，在大雨滂沱的情况下仍然可以进行比赛。

（2）田径足球场：田径足球场使用频繁，且一般养护管理较差。故这种种植层的营养土配比应为：河沙（ϕ1.5～2.5mm）60%、细壤土20%、土壤改良剂10%、沸石5%、复合肥＋磷肥5%。该种植层有利于延长草坪的使用寿命，且养护较方便。

2）隔离层

隔离层采用16网的塑料网纱铺设，以阻挡砂砾进入碎石层。

3）碎石层

碎石层采用3cm～4cm的砾石，水洗后填充，以10cm厚为宜。

4）素土夯实层

素土夯实是用石夯或者铁夯夯实，并留有0.5%的坡度。

2. 高尔夫球场

高尔夫球场作为一种专业的运动场地，往往是以一种视觉优美的景观展现在人们面前的，是景观设计师经常会参与的项目之一。图2-5展示的风景秀丽的高尔夫球场景观之一。

图2-5　景色优美的高尔夫球场

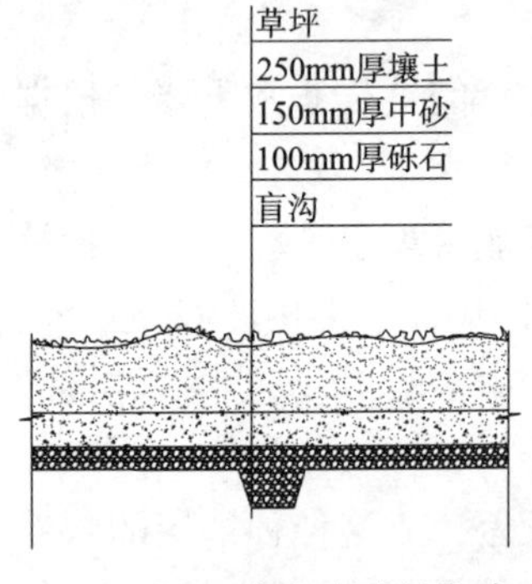

图 2-6 高尔夫球场发球区坪床构造大样

高尔夫球场草坪的建造要求较高，一般情况下在建植其草地时需要将高尔夫球场分发球区和球穴区，两个区域的坪床的构造要求不同。

1）发球区坪床构造

发球区的坪床土壤要求排水通气良好，能适合草坪草的正常生长。发球区表面应有 1%～2%的坡度以便于排水。发球区的坪床一般构造如图 2-6：

2）球穴区坪床构造

球穴区土壤要求透水透气，坪床设计必须使用不同粒径组成的透水沙层，在南方的红壤土和多雨地区，还需要在下面排水管或盲沟，一般球穴区的坪床构造及图例如图 2-7a 及图 2-7b 所示：

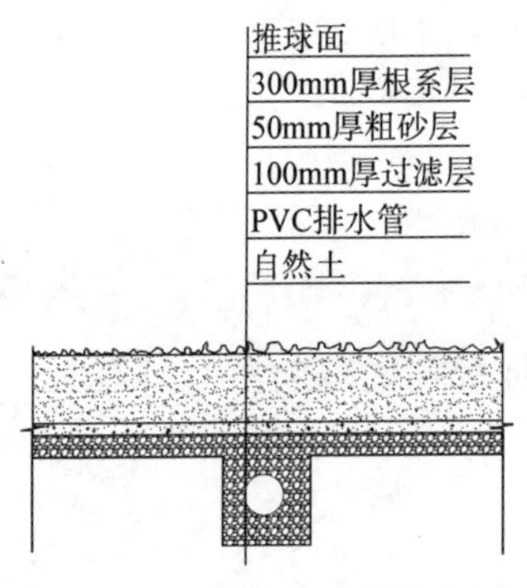

图 2-7a 高尔夫球场球穴区草坪坪床构造大样

图 2-7b 球穴区（果岭）草地

3. 草地保龄球场

草地保龄球场的坪床构造与高尔夫球场球穴区基本相同，由草坪层、营养土、砂壤土、粗砂、砾石、排水管（盲沟）、素土夯实层组成。施工过程中每层都需要夯实。具体构造做法如图 2-8 所示。

4. 草地网球场

1）排水系统的铺设

由于我国幅员辽阔，南北气候差异很大，对草地网球场的排灌系统要求不同。对于雨水较多、空气湿度大、地面蒸发量少的长江以南地区来说，场地容易积水，更需要设置排水系统。

其做法是先将基础土层压实，然后在基础土层上挖盲沟或埋设有孔塑料管。一般盲沟间距为 1.0m～1.5m，坡度为 1%～2%，深度为 10cm～30cm，宽度为 20cm～25cm，由中心向周边倾斜。

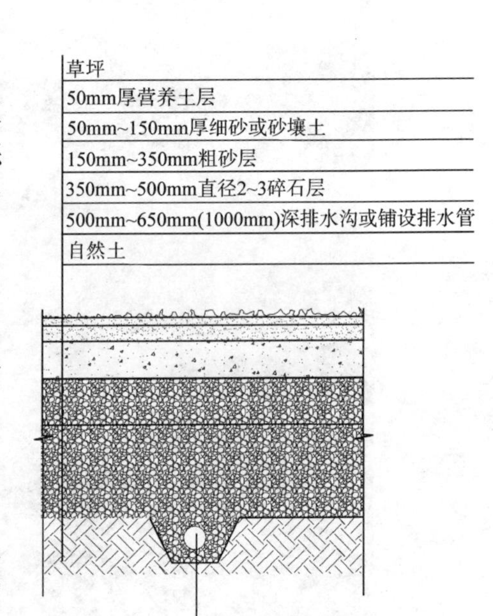

图 2-8 草地保龄球场坪床构造大样

在铺设有孔塑料管时，如果向周边排水，管道的坡向可左右交替设置。一般草地网球场的宽度只有 10.87m，即一端升起为冲洗口，一端为排水口，所以两个管与管之间可交替升起和降低。管道间距为 1.0m～1.5m，管道口径为 0.25cm～0.38cm。盲沟中可填充石渣、卵石或废砖等。

2）坪床构造

草地网球场的坪床构造如图 2－9 所示。为了防止鼠害，还要在球场坪床四周架设硬塑料网或硬橡胶。然后再依次回填床土。

5. 草地赛马场

1）坪床构造

由于赛马场的草地要承载重约 500kg 的马在上面奔跑而不致于受到影响，因此赛马场的坪床构造要求很高。

通常坪床表层即种植层的厚度要求为 10cm～20cm，要避免使用黏土或重黏土，应由细砂、泥炭和粘土混合而成，达到排水快、通气好、水渗透率高、不板结的要求。具体构造如图 2－10 所示。

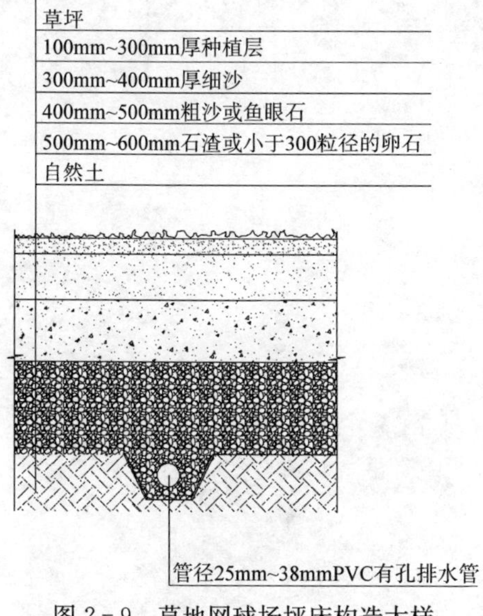

图 2－9　草地网球场坪床构造大样

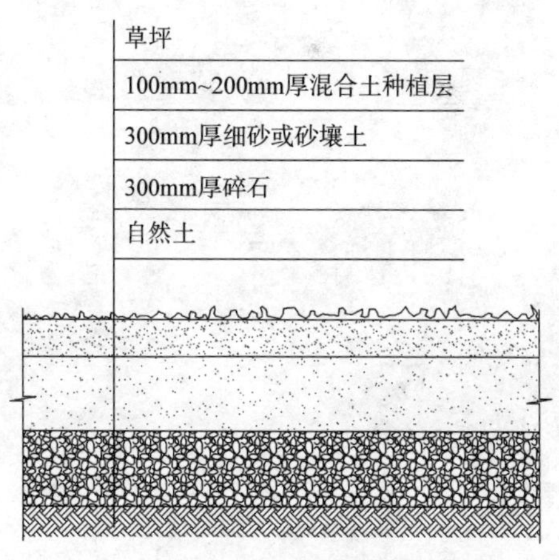

图 2－10　草地赛马场坪床构造大样

2）草种要求

赛马场需要种植根系发达、扩展能力强、能使草皮与土壤紧密结合的草种，以抵抗高强度的践踏。一般冷季型草选用草地早熟禾和多年生黑麦草，也可适当混播狼尾草；暖季型草选用狗牙根或结缕草等。

第二节　砂、碎石及砾石地面

景观中的砂、碎石地面和砾石地面具有造价低、透水性好的优点，但是不便于婴儿车、轮椅等通行，在景观设计中应注意到这一点。另外，道路纵坡在 3%以上的路面，需要设置圆木，这样可以减少砂石、砾石的流失，也可以降低坡度；在向阳地段，为了避免反光，大面积的白色砂石或者砾石应尽量少使用，反之，在光线较暗的地方可大量使用以提高亮度。

工程上关于砂与砾石的界定，常把大小相近的土粒合并为组，称为粒组。对粒组的划分，我国 GB 50021—94《岩土工程勘察规范》的规定为：粒径 0.075mm～2mm 的粒组为砂粒粒组，粒径 2mm～20mm 的粒组为砾石粒组，砂与砾石一般情况下都是天然形成的。碎石一般是经过人工粉碎制成的石块，有较明显的棱角，人工粉碎后粒径较小的碎石也可以称为砂，一般具有棱角。

砂及砾石地面的种类很多，如日本枯山水庭院中象征山水的白砂铺地、卵石步道、供儿童玩耍用的沙坑等等（见图 2－11）。对于砂地面和砾石地面的细部构造，下面给予分别介绍。碎石地面的种类较少，较多地用于装饰性的地面上，这些地方往往不便于种植，用碎石覆盖地面以防止扬尘。

图 2－11　日本枯山水庭院

一、砂地面

砂路面一般应用于铺设游乐场地面，尤其是儿童玩耍的沙坑。这时候需要考虑提供排水设施。沙坑中的砂子要求使用天然的“软砂”，并且要洗掉里面的亚黏土和其他污垢物，不能含有能伤害人的有棱角的砂石或碎石砂。常见的做法如图 2－12a 和图 2－12b所示。

二、碎石地面

因为透水性碎石地面的强度不高，一般应用于较低级别的路面或装饰性地面。在景观工程中，按照一定粒径范围筛选出的碎石称为级配碎石。碎石地面中较多使用到级配碎石。常见的碎石路面构造如图 2－13a 和图2－13b 所示。

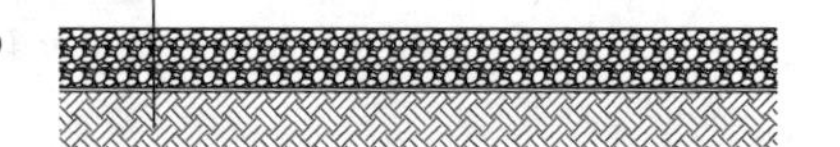

图 2－13a　装饰性碎石地面

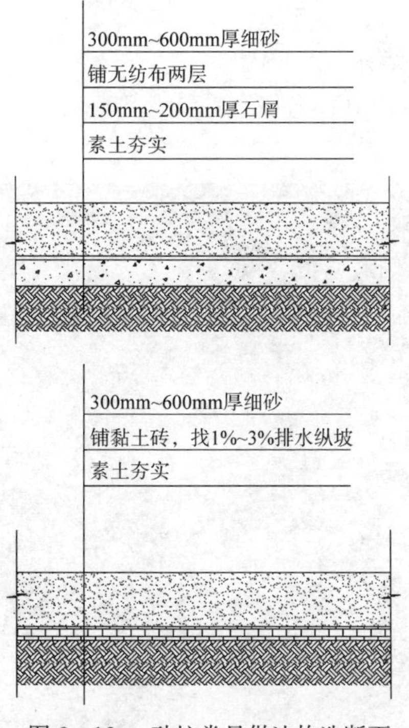

图 2－12a　砂坑常见做法构造断面

图 2－12b　儿童活动的软山砂坑

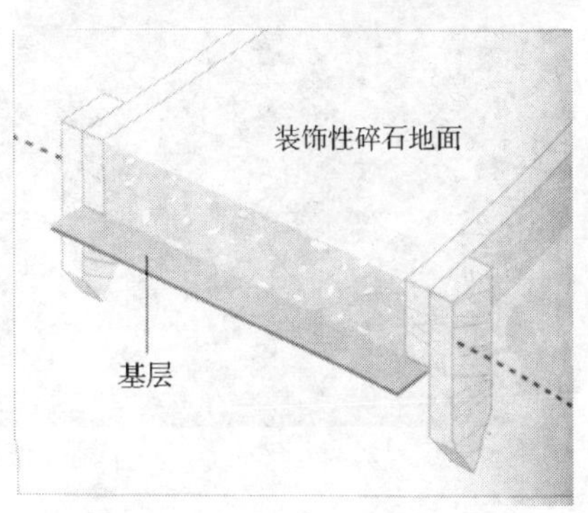

图 2－13b　碎石地面图例及构造

碎石也常常被用作覆盖绿化难以施工或植物难以生长的地段以覆盖土地表面，防止扬尘。这种情况往往选择色彩较为漂亮，装饰性较强的碎石。常见的碎石装饰地面构造如图 2－14a 和图 2－14b、图 2－14c 所示。

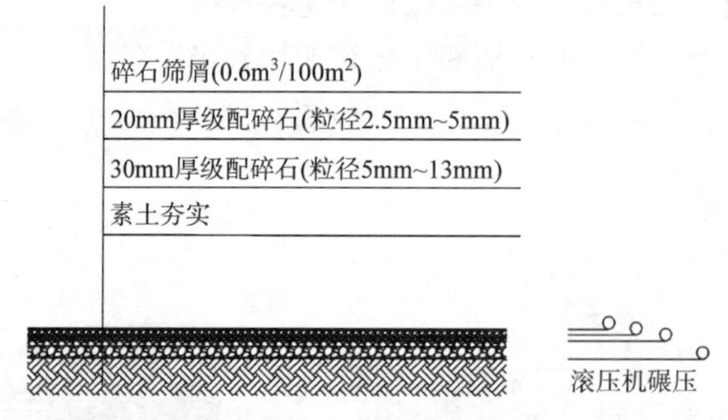

图 2－14a　常见人行碎石路面断面大样图

图 2－14b　具有装饰性的人行碎石地面

图 2-14c　有情趣的人行碎石地面

三、砾石地面

砾石是景观工程中经常使用的地面材料，它的颜色一般从浅米色到米黄色、银色，深到沙色，再深到黄褐色、棕褐色的范围内变化。景观工程中使用的砾石，要求在和砂、亚黏土混合以后压实，以形成坚实的结合料。

砾石地面在铺设前需要做的准备有：开挖地面，夯实底基层，铺设石填料，然后安放路缘石或者水泥道牙，将石填料压实至 150mm 厚；最后按照坡度要求铺设砾石 75mm～100mm 厚。砾石地面构造如图2-15a和图 2-15b 所示。

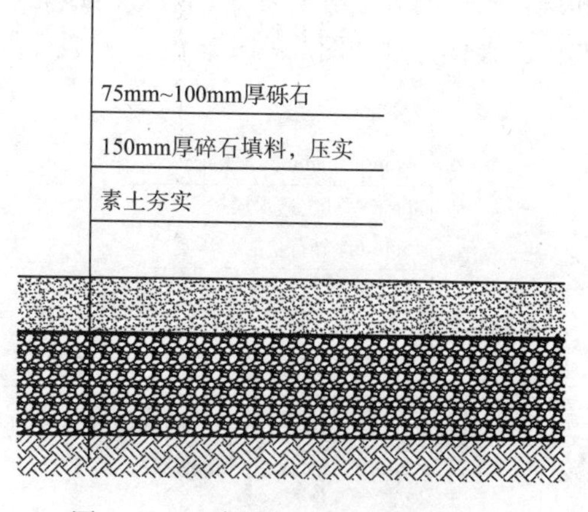

图 2-15a　常见砾石路面断面大样图

图 2-15b　砾石地面图例

第三节　砖、方石、砌块地面

一、砖地面

景观工程中使用的砖材种类很多，常见的透水性砖材有黏土砖和透水性花砖、嵌草砖。前者在庭院铺地中应用较多，但由于会对土地造成较大的浪费，我国很多地区已经禁止生产和使用，此处对其构造做法不作介绍。透水性花砖的种类繁多，主要是在花砖的形状和拼合组成图案上有所变化。嵌草砖地面一般用作停车场的地面。透水花砖和嵌草砖地面的构造大样分别如图 2-16 和图 2-17。

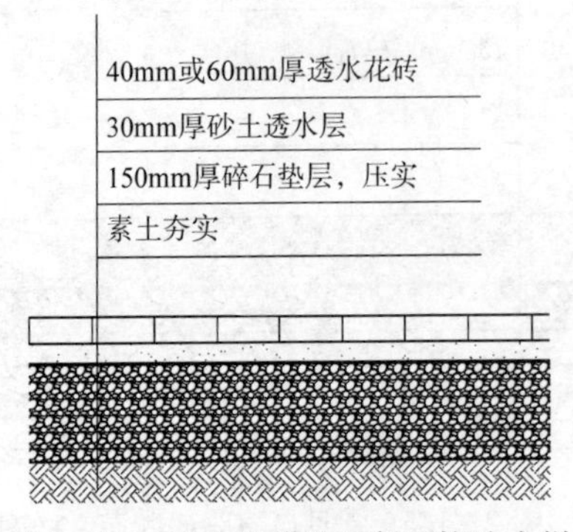

图2-16　透水花砖地面断面构造大样

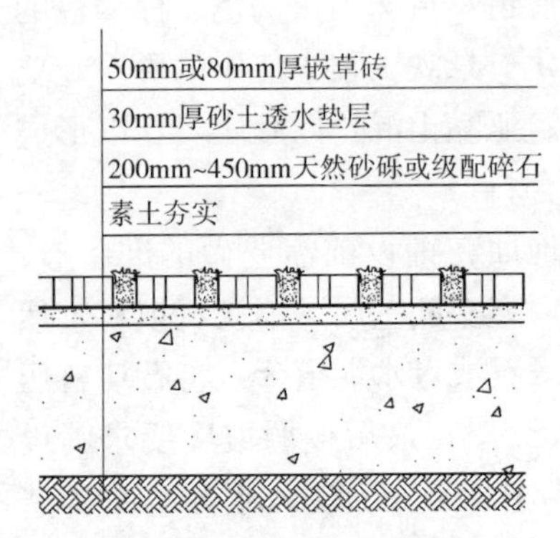

图 2-17　嵌草砖地面构造大样

二、方石地面

石材本身是不透水的材料，透水性石材地面主要通过石块间的缝隙渗水。透水性石材地面常用的石材是小料石，是用各种天然石材切割而成的小方块。因为石材的种类繁多，所以小料石的颜色变化也非常丰富，在景观工程中也常常将它们排列成各种各样的形状，所以小料石地面的装饰性很强。小料石路面的做法构造如图 2－18a、图 2－18b、图 2－18c 所示。

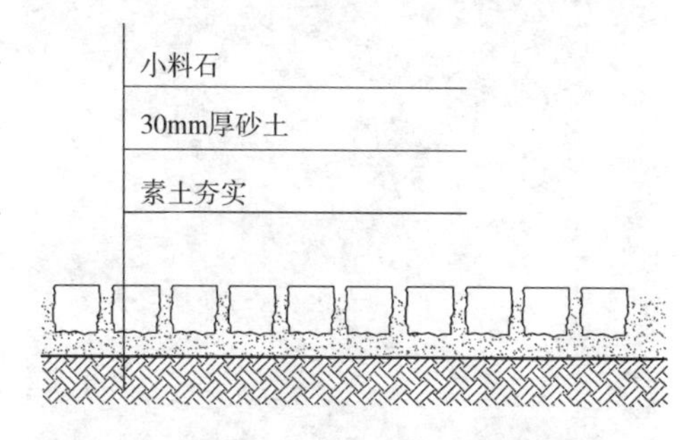

图 2－18a　小料石路面断面构造

①先将基础用碎石垫好并用细砂找平，随后铺上方石块

②用切割好的长形石块将碎石块进行收边

③再用细砂混合混凝土将碎石块漏缝填充

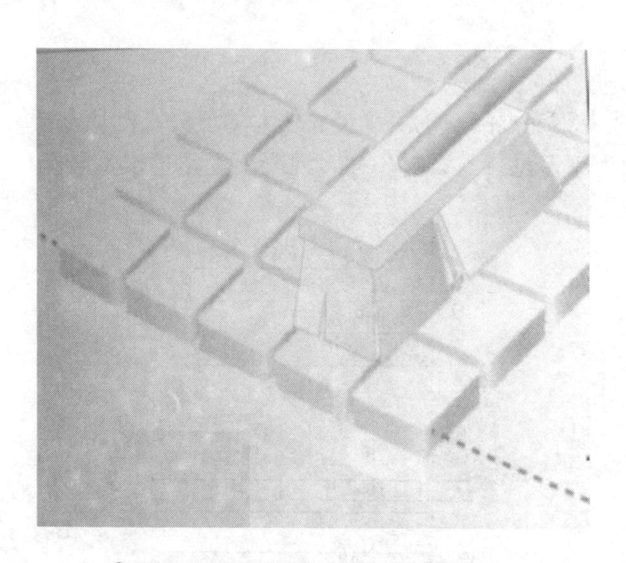

④最后，当混凝土快干不干时，用较硬毛刷将面层混凝土扫去，达到露骨料效果

⑤施工完毕后，最终效果

图 2－18b　方石地面施工流程

图 2-18c　较为自由的方石地面

三、砌块地面

常见的砌块材料一般是混凝土砌块或者钢筋混凝土砌块（尺寸较大的混凝土砌块需要配筋），国外还有木质砌块地面，但国内尚不多见。与石材一样，混凝土也是透水性较差

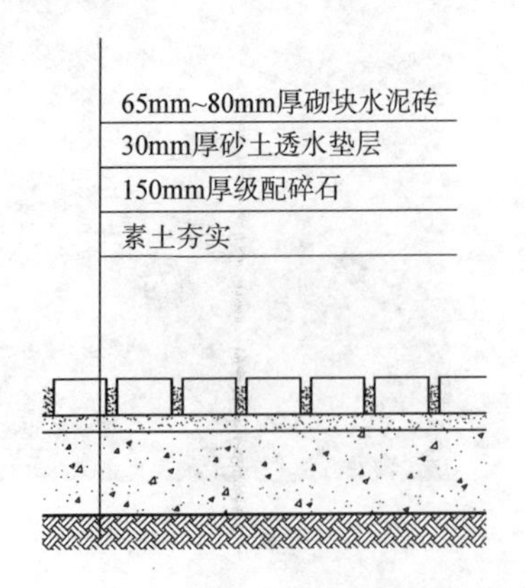

图 2-19a　车行砌块地面断面大样

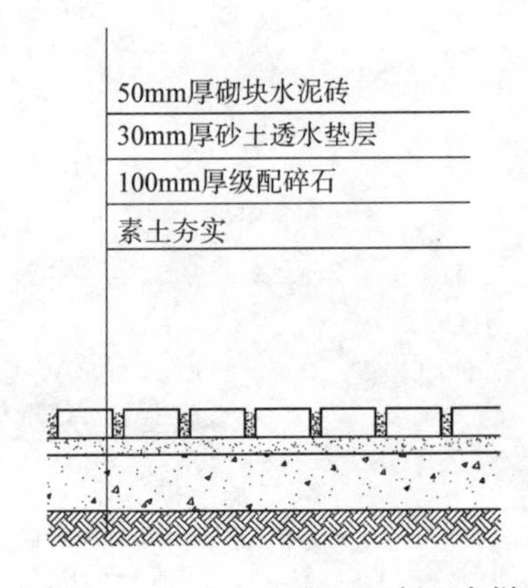

图 2-20a　人行砌块地面断面大样

的材料。透水性的砌块地面是通过铺设透水性的垫层，利用砌块间的缝隙渗水，故虽透水性有改善仍较差，但由于混凝土砌块的色彩和图案变化多样，装饰性也很强，所以仍有采用。（图 2-19a、图 2-19b、和图 2-20a、图 2-20b、图 2-20c）

图 2-19b　车行砌块地面图例

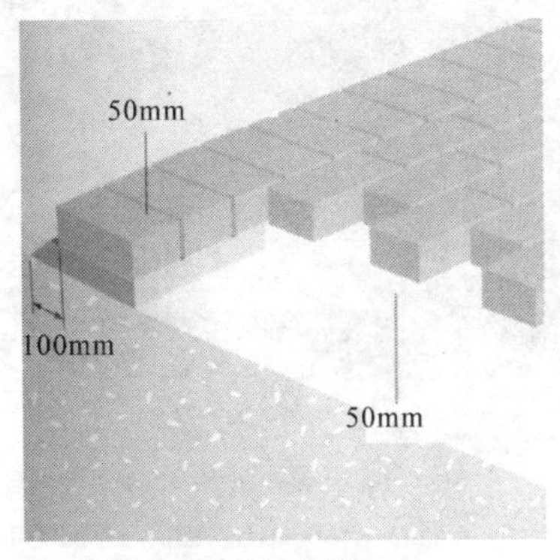

① 收边采用平铺式基层60mm

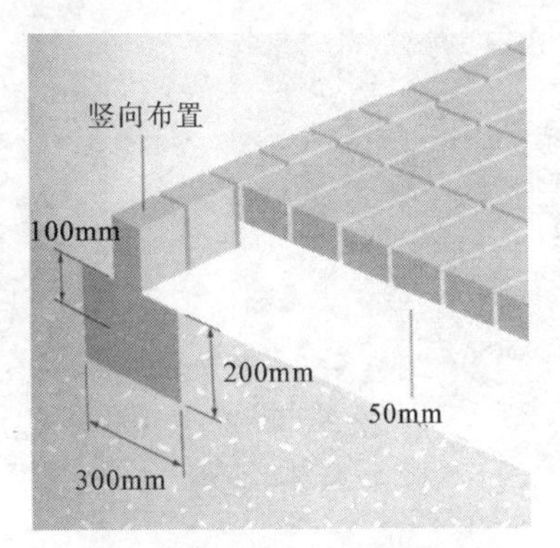

② 收边采用立式插入100mm需200mm×300mm混凝土基层固定

图 2-20b　人行砌块收边样式

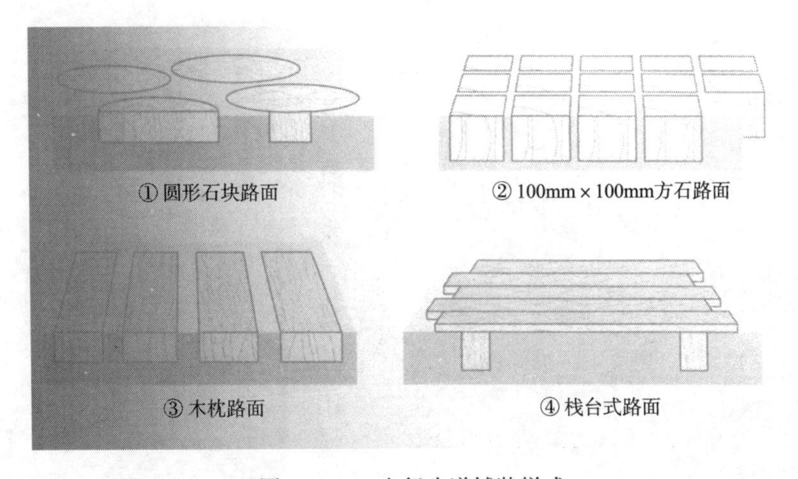

图 2-20c　人行步道铺装样式

错缝拼接砖块铺面较为古朴

500mm×500mm方石铺面灵活多样

木枕式的铺面更有亲切感

卵形石块铺面自由活泼

400mm×600mm石块铺面与草间隔相得益彰

图 2-20c　人们砌块铺面样式

第三章 硬质构造

第一节 现浇混凝土地面

有坚实基层的平板或砖和砌块地面，当其底基层是混凝土或用重夯压实的材料时，都属耐磨的硬地面。

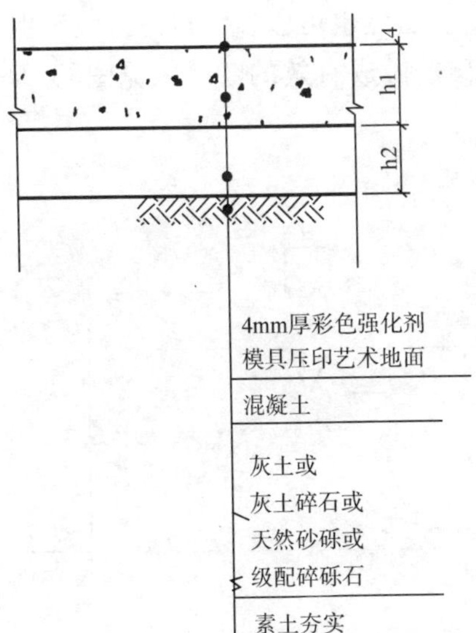

图 3-1a 现浇混凝土地面构造

现浇混凝土或称“现场（in-site）”浇筑混凝土地面，是永久性地面中最便宜的一种铺面。虽然廉价，但对于混凝土这种材料仍需注意处理它的细部，精心修饰它的面层。做混凝土铺面时，必须懂得其混合料的亲水泥性能和它们在使用时的一些边界条件。用于铺面工程的混合材料中，水泥、砂和石子的配合比是1∶2∶4；制成混凝土的颜色是水泥的本色——灰色，除非用白水泥或有色水泥代替普通的水泥，而骨料的色调对混凝土铺面的影响更大些，因为它们在地面磨耗后就会露出来让人看到。如果所进行的铺面工程量很大，通过先浇筑一些试验板块来确定它的色调是有必要的。用花岗岩碎石做骨料比以砾石为基础的骨料质地更好，颜色范围也更为广泛（有银色、淡紫色、棕红色和蓝灰色等）（见图 3-1a、图 3-1b 和表 3-1）。

图 3-1b 现浇混凝土图例

现浇混凝土地面构造尺寸表（单位：mm）　　**表 3-1**

代号	承　载			非　承　载		
	多年冻土	季节冻土	全年不冻土	多年冻土	季节冻土	全年不冻土
h1	150～200	150～200	100～200	100～200	100～200	100～200
h2	250～400	150～300	150～300	150～300	100～2000	0

说明：1. 砌展示会铺装时水泥砂浆的含水量为 30%。

2. 缘石可选用石材、混凝土，尺寸也可由设计定。

现浇混凝土在经历一段时期后会发生干缩变形，因而混凝土施工工艺中规定要分区段铺设。在两个方向上每隔 3m～4.4m 区段间都应设置分格缝，而且应错列地设置，施工时也要分段浇筑，过一定时间后再将相邻区段的混凝土填满。当然也可以连续进行铺设，但铺面的上一半要用木板条将它们分隔开，日后再将它们移走做成有效的断缝（见图3-2a 和图 3-2b）。

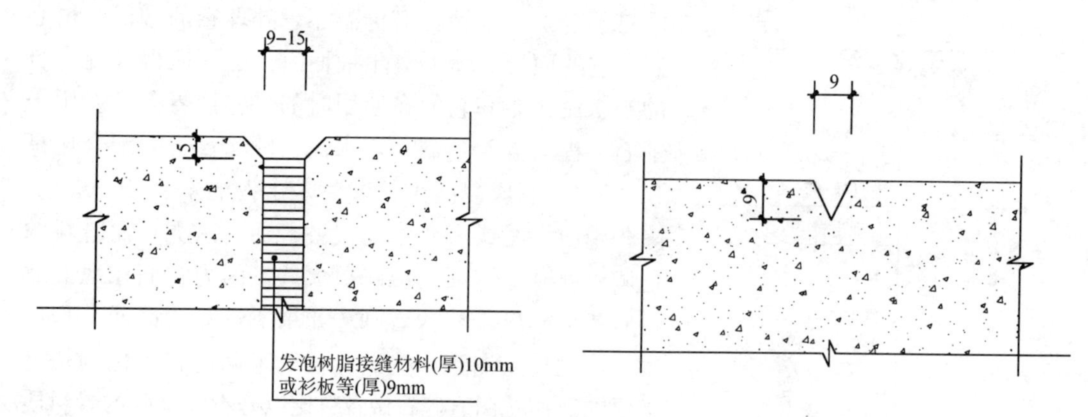

图 3-2a　伸缩缝详图

图 3-2b　用木框将混凝土分隔开来施工防止混凝土开裂

现浇的混凝土铺面如果在混凝土里埋置钢筋网片（见图 3-3），它能够将铺面受荷载后和发生收缩后产生的内应力分散开，从而避免开裂。地面上的混凝土铺板，由于相邻下层土干缩后下陷，也会在它们的边缘部位发生沉陷而产生弯曲应力，也可以限制收缩裂缝的产生。这些需要列入混凝土路面或人工填土大面积混凝土铺面的构造要求考虑中，而这些混凝土路面和铺面的设置，必须符合相应工程规定的要求（见图 3-4）。

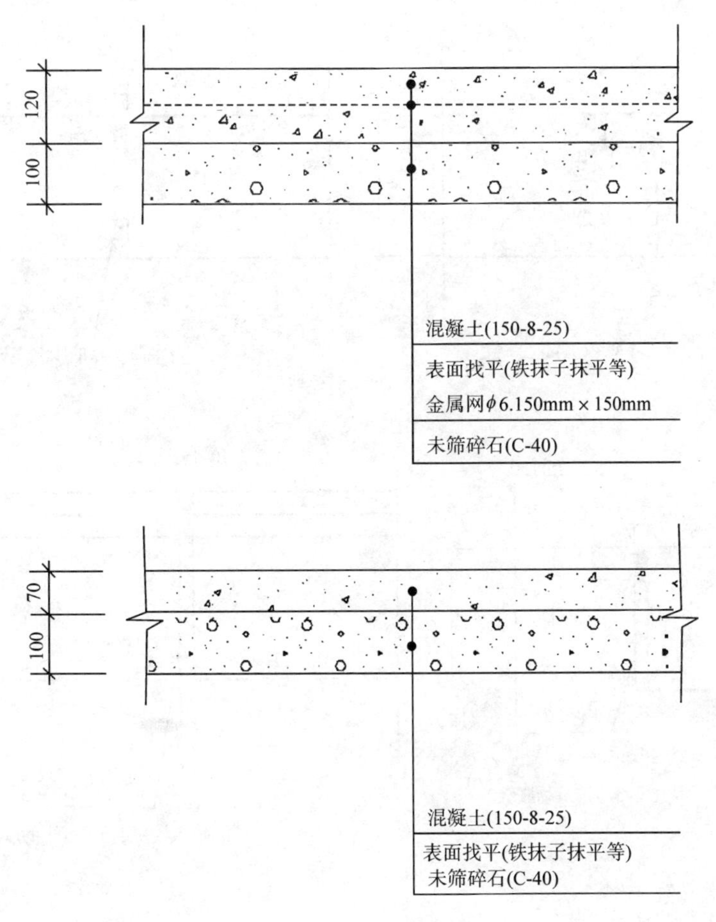

图 3-3　现浇混凝土地面

磨耗铺面的表面处理，可以用刮板刮成“搓板（washboard）”状的表面，或者用滚筒压出有齿痕的图饰，或者用刷帚进行转圈式的移动刷毛来增强。如能露出混凝土中的骨料，则是最好的抗磨面层；这个露骨料的操作过程取决于精心选择适当时机。施工中可先用软水管轻轻洒水，然后用毛刷将面层表面的水泥浆皮清除掉。见图 3-5 若采用机械锤将铺面表皮敲碎，露出骨料面来也是可以的。这种方法也有助于劣质混凝土工程的补强加固。混凝土铺面还能用装饰滚筒进行面层的各种刻痕处理，如做成假面砖、假方石以及仿木板面层等。至于用彩色喷射法将它改造成面砖和块石的色调和风格，则是美国的专利。它的最后装饰是在铺面板的接缝处用水泥勾缝来完成伪装。这种铺面做法的概念，后来成为迪斯尼游乐园（Disneyland）（见图 3－5、图 3－6 和图 3－7）的特色。这种概念之所以被选中，是因为它容易清洗和修理，以及它用蜡抛光的饰面层做法，适用于采用水泥质的饰面材料。混凝土铺面的冲刷和加工做法，“迪斯尼游乐园”的面层做法还可表示最初浇筑质量很好的混凝土铺面，经过长期使用后的状态。这里的技术，包括现场浇筑混凝土铺板以及处理磨耗层饰面的技术（见图 3－8）。

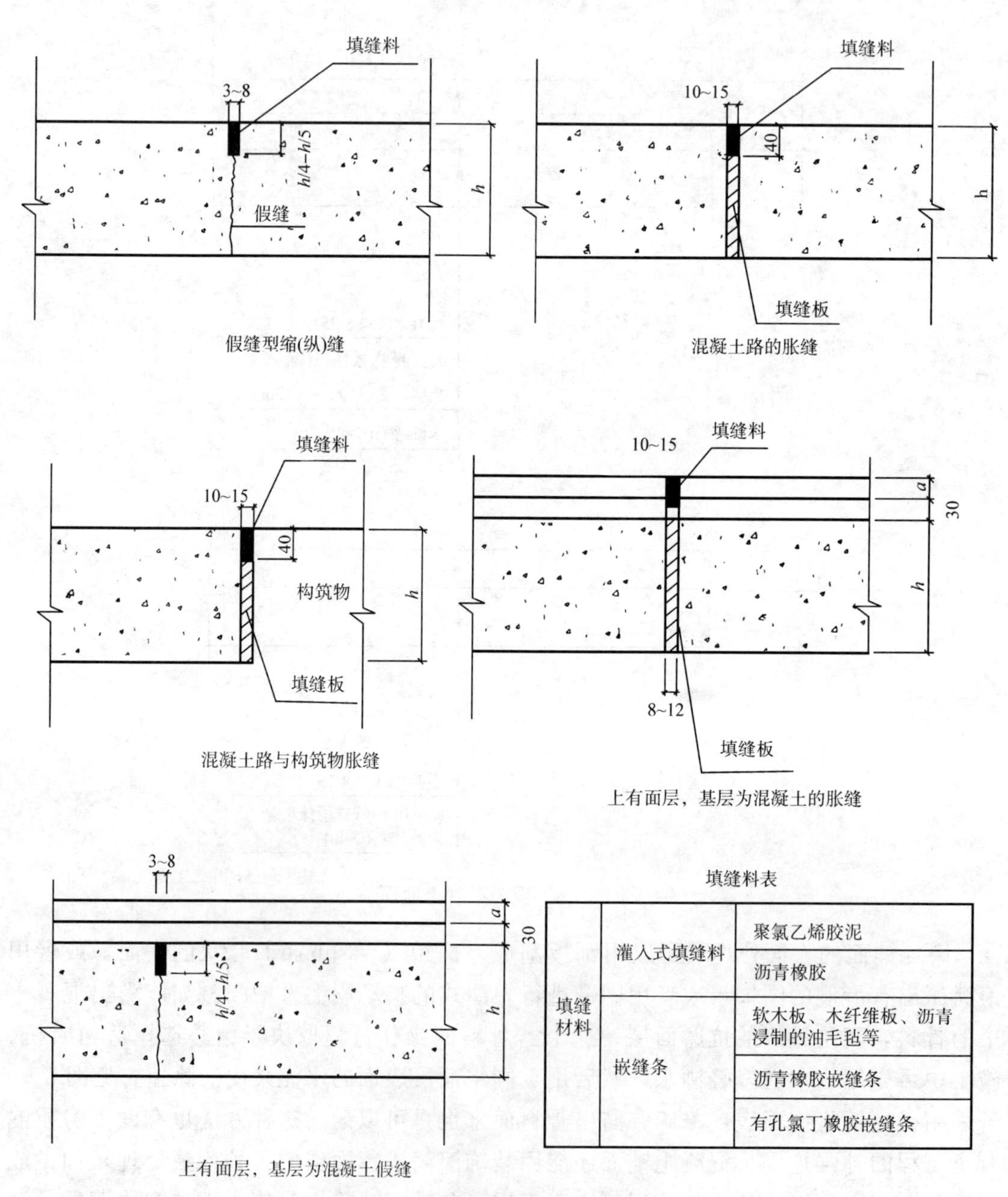

填缝料表

填缝材料	灌入式填缝料	聚氯乙烯胶泥
		沥青橡胶
	嵌缝条	软木板、木纤维板、沥青浸制的油毛毡等
		沥青橡胶嵌缝条
		有孔氯丁橡胶嵌缝条

图 3－4　现浇混凝土地面伸缩缝详图

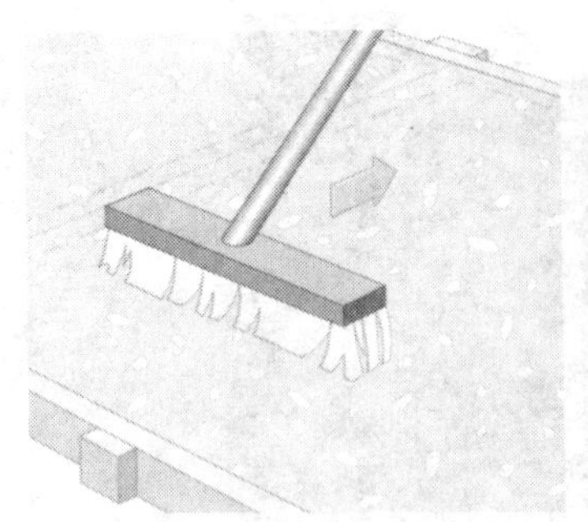

图 3-5　现浇混凝土面处理方法

图 3-6　香港迪斯尼游乐园地面

图 3-7　现浇混凝土地面

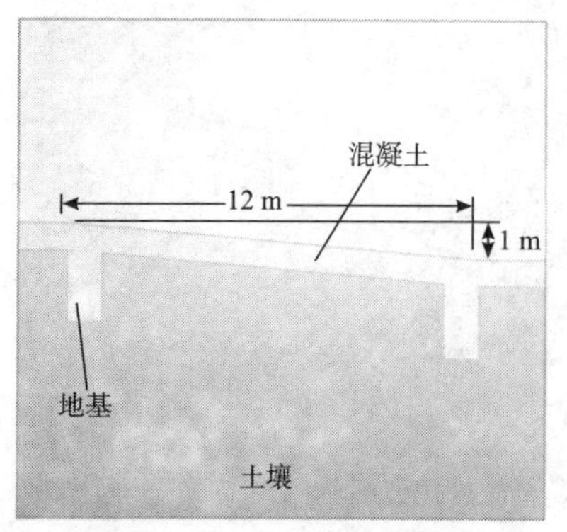

① 先将路面宽度确定，并用木方或混凝土块将路缘压实；再根据排水的需要找坡

② 由于要考虑混凝土热胀冷缩的原理，现浇地面时，进行分块施工。先将土壤夯实,再铺上小碎石并打上铁丝网以增强抗压力

③ 将混凝土浇筑，并用木方找平

④ 用毛刷将水泥皮除去，以增强行走时的摩擦力

⑤ 施工后效果

图 3-8　现浇混凝土地面施工流程

第二节　预制混凝土块地面

预制混凝土铺面的制造采用的是同样的材料，是一种在工厂里用钢模做成的产品。它用机械压力将混凝土压实，并用高压蒸气进行养护，其产品要满足抗压强度和耐磨性能的要求。家用的预制铺面可以做得薄一些（约 38mm 厚），可在振动模具内浇筑而成，但它们抗裂的能力都是有限的（见图 3－9、图 3－10）。

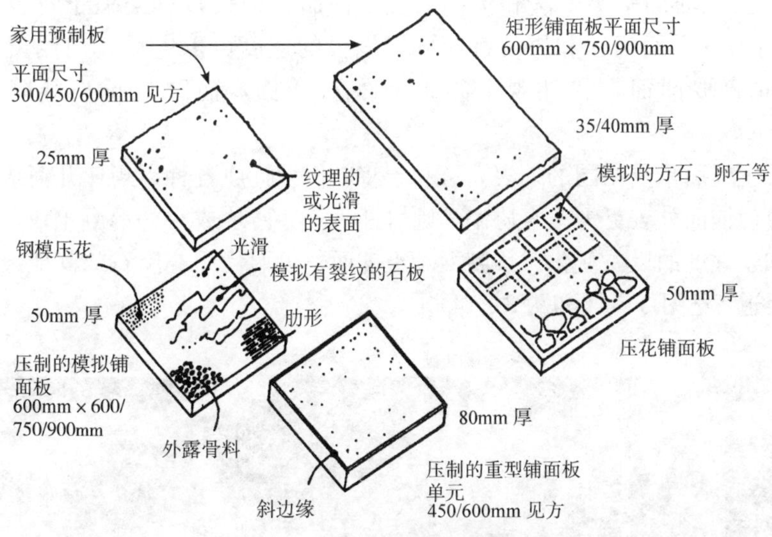

图 3－9　预制混凝土地面构造

图 3－10　预制混凝土地面

批量生产的预制铺面板的尺寸模数为600mm边长、50mm厚。其典型的面层做法有：

光滑的（一般有钢模板的印痕）；

模拟的（按模板形状而异，可得到有纹隙或经受风化的效果）；

纹理的（肋形的或用粗砂处理或用酸类物腐蚀形的粗纹理）；

方格的（用金属滚筒碾压成仿石块或仿砖块铺面的有规律图案）；

防滑的（具有碳化粉掺合料，或有防滑的镶嵌物，或在表面上开有槽口）。

其色调和天然质地则和现浇混凝土的情况相同，都取决于水泥的颜色、所采用骨料和骨料外露的程度（图3-11a、图3-11b）。

预制混凝土铺面的基层做法和预制混凝土铺面的铺设过程类似于石板铺面。但由于所有铺面材料的平面尺寸和厚度都相同，铺设的速度可以更快。用浅黄色水泥和石质骨料做成的模拟铺面，在外观上很像天然石铺面，而降低价格能降低2/3（见图3-12）。

预制混凝土铺面重复相同的外表，有利于将它们设计成各种以规律几何形状为基础的图案，如果要使铺面外表更为丰富协调，则可插入一些砖块或小的混凝土块，以便得到在色彩、尺度和纹理上的反差变化。预制混凝土铺面也可取代用花岗石或其他天然岩石做成的路缘石和渠道（见图3-13和图3-14）。

图3-11a　预制混凝土地面

① 先在现浇好的混凝土基层上铺设细砂并找平

② 将预制混凝土块按顺序排列放置

③ 用橡胶锤将混凝土块对齐

④ 用橡胶锤有序敲打混凝土块，使其稳固

⑤ 稳固后可进行下一预制块的铺设

图 3－11b 预制混凝土块施工流程

图 3－12　预制混凝土地面

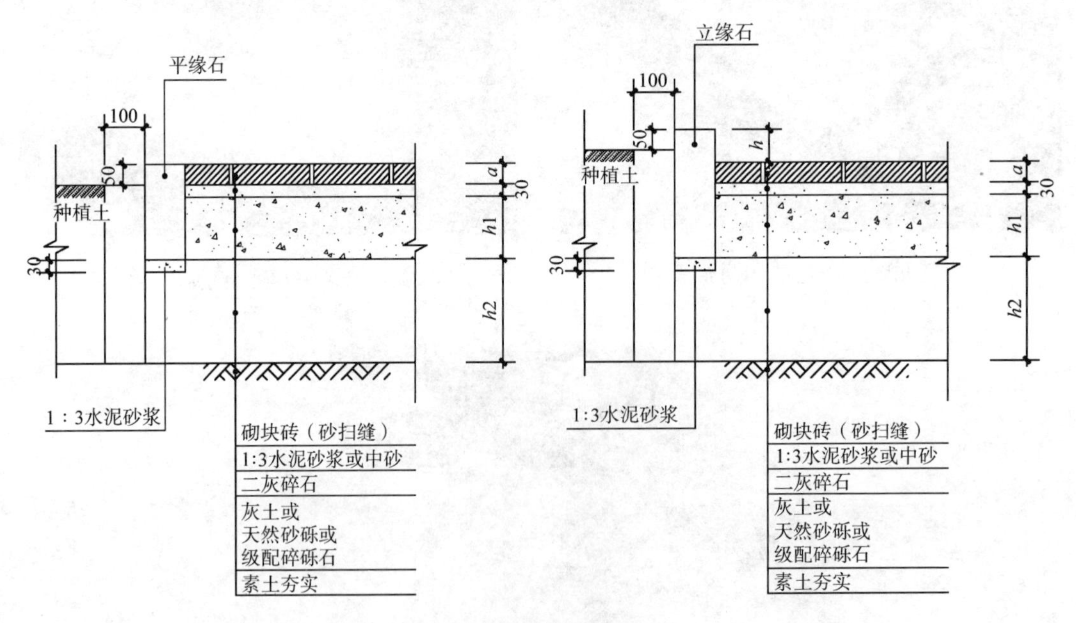

图 3－13　预制混凝土地面

注：a 表示预制混凝土砖厚度

现在路边和人行道铺面，实际上都是直接铺设在混凝土基层上的。它们的坚硬度增加了铺面板的承载能力，可以使车辆停靠在路沿旁，也可让车辆在人行道上行驶。这种重型道路交通会产生侧向振动，并传递给相邻的混凝土基层，因而在铺面做法和建筑物表面之间要用软材料进行连接。

图 3-14　预制混凝土地面

在公共人行道上预制铺面板面按直角铺置，这样做可以提高它们的防滑性能，也可减少在路沿和建筑物前面处理切割铺面板的困难。铺面板时还应错落结合，以免因受外力作用致使铺面板升高或下沉而将铺面板角部压碎。另外，方形的铺装样式简洁、大方，易于施工，但是，由于不同的路面尺寸使其不能恰到好处地铺置，在边缘处会造成浪费，因此，在施工前要进行仔细规划。

当前，在工程中愈来愈趋于采用小块的预制铺面，其下面设置坚实的基层，以避免发生铺面断裂的问题。这些小块的铺面薄面板可以做到 45mm～50mm 厚，边长 600mm（见表 3-2）。

此种路面因具有防滑、步行舒适、施工简单、修整容易、价格低廉等优点，常被用作人行道、广场、车道等多种场所的路面（见图 3-15）。

嵌形预制砌块路面虽不及花砖高级，但其色彩、样式丰富、类似小料石砌路面，可拼接成砖式路面，六角形（图案）路面、八角形路面等。另外，还有多种平整的嵌形预制砌块路面，如高透水性的、仿石类的等等（见图 3-16 和图 3-17a、图 3-17b）。

铺面石规格尺寸（单位：mm）　　**表 3-2**

代　号	名　称	一 般 规 格	灰　缝　宽	灰 缝 做 法
a	砌块砖	60～200	2～3	灰缝隙顶留或砌块砖自带，干石灰细砂扫缝后灰细砂扫缝后洒水封缝。
b		200～400		
c		60～100		
y	缘石宽	50—120		

说明：1. 砌展示会铺装时水泥砂浆的含水量为 30%。

2. 缘石可选用石材、混凝土，尺寸由设计定。

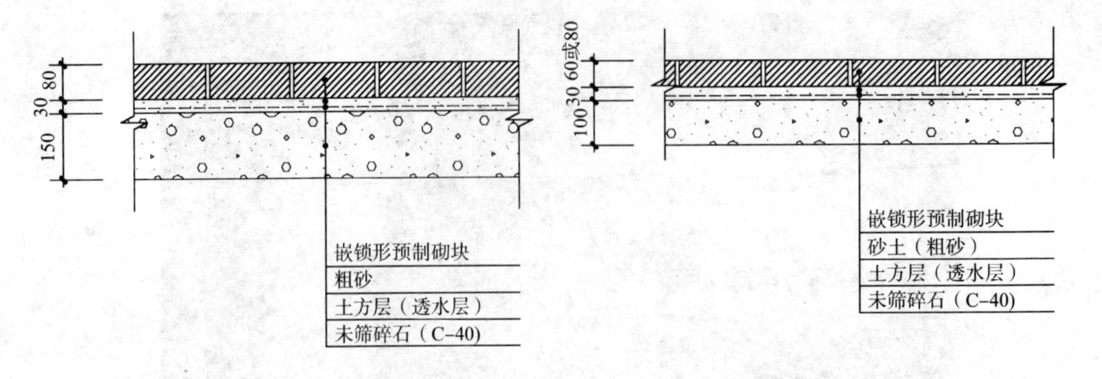

停车场路面剖面图（例）　　　　人行道、广场路面的剖面详图（例）

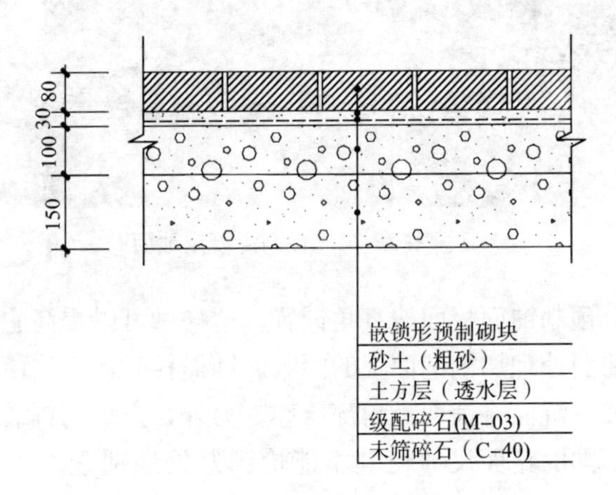

有大型车辆通行道路的剖面图（例）

图 3－15　预制混凝土地面

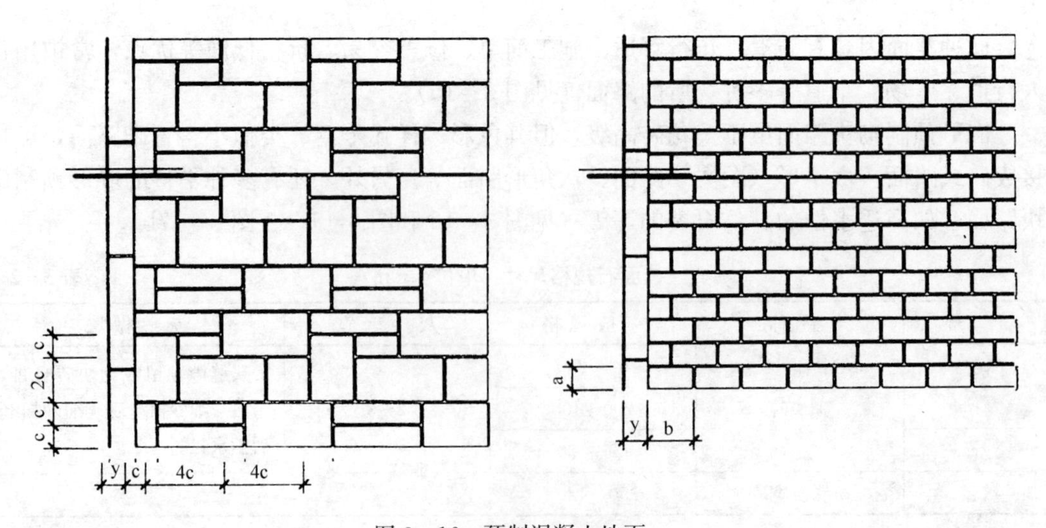

图 3－16　预制混凝土地面

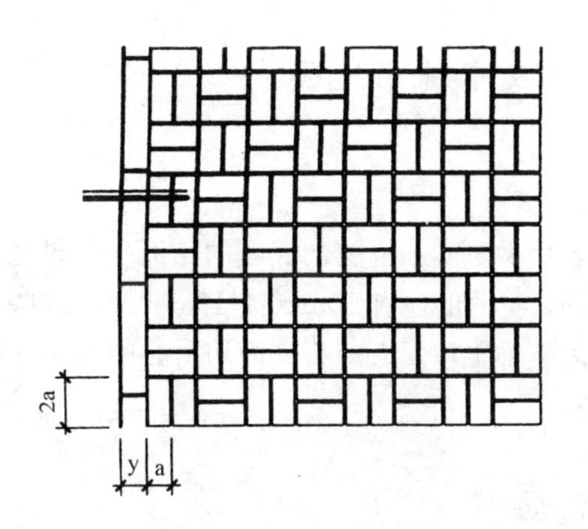

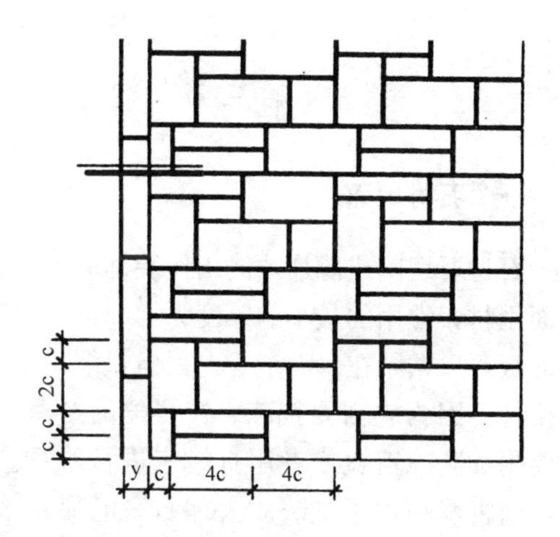

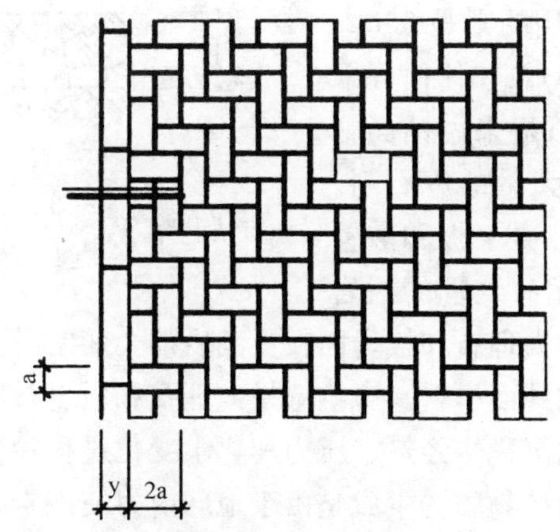

图 3-17a　预制混凝土地面

图 3-17b　预制混凝土铺装实例

第三节　石材、陶砖及水洗石地面

一、石材地面

石材要切割成薄片才能用作装饰面板，或者用做台阶和庭园的底座的贴面。如果是外饰面用材，常用的最小的厚度为20mm或25mm，更薄的还有10mm或12mm厚。这些装饰面板可以粘贴在水泥基层上，但只能用于室内装饰工程。大理石铺面用材必须经过仔细地挑选，因为它需要抗冻。在严酷的冬季，它还要附加防冻覆盖或者用打蜡来进行维护。两千年前古罗马用了凝灰质大理石，但那些饰面块通常都有450mm厚，今天常用的则是60mm或20mm厚饰面板（见图3-18)。在任何开采板岩的地方，都可以用劈开的石板来做铺面材料。在板岩开采过程中会产生大量的废石料，可以用它们来做成包括浇筑的混凝土板和散置的碎板岩石在一起的铺面。采用有纹理的板岩石板具有防滑的功能。研磨过的大理石和板岩面板受潮后都会变的滑溜，这种面板应考虑选做装饰面板而不是用做普通的铺面材料。影响选择大理石和板岩石的地质因素在于，由于它们都是变质岩，由地壳内的沉积岩经热、压力和化学变化过程转变而成，而板岩是从泥岩和页岩进化而来的，其原始矿物质的生成是由于地球内力使该岩石的受压层转了一个角度，同时岩石中还含有云母的缘故，它意味这种岩石很容易开裂（见图3-19)。

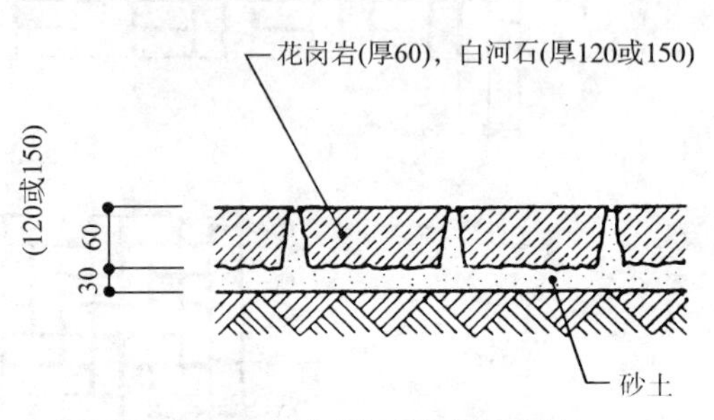

庭院内园路或平台的铺石路面剖面详图（例）

图3-18　石材地面构造

图3-19　石材地面构造

大理石的主要产地是法国、意大利、葡萄牙和西班牙。大理石薄板经受冻融后会扭曲。当大理石面板支撑在凹凸不平的砂浆垫层上时，其角端会很快的损坏（见图 3－20）。

图 3－20　石材地面构造

为了防滑，大理石和板岩石板面上都需要做某种花饰，比如：板岩石的纹理，大理石的喷砂处理，或者为了排水而刻有凹槽，有时还可能将它们做成防滑的或者有纹理的封闭板带。

1. 铺石路面

铺石路面是指以厚度在 60mm 以上的花岗石、安山岩等的天然石料、加工石料砌筑的路面。铺石路面质感好，带有沉稳的气质，常用于园路、广场的地面铺装。常用的石料的规格与加工大致如下：中国花岗石系列，标准石料尺寸为 600mm×300mm×60mm，只作凿面加工；安山岩系列的白河石、芒野石有三种规格：300mm×900mm×150mm、300mm×900mm×120mm 和 300mm×900mm×90mm，石料表面一般做拉道饰面和粗糙加工，而大谷石等凝灰岩石料因易磨损、风化，不适合做路面材料。路面的断面结构视铺装地点、路基不同而不同（见图 3－21 和图 3－22）。

图 3－21　石材地面

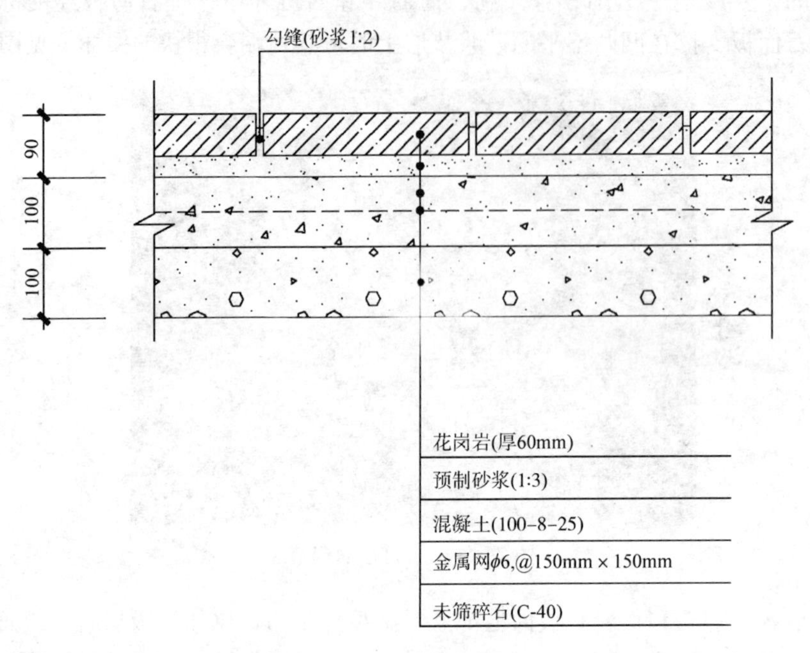

图 3-22　石材地面构造

2. 小料石路面

这是在欧洲采用较多的一种车道、广场、人行道等常用的路面铺装。由于所有石料呈正方体形状，因此被称为"骰石路面"。铺筑材料一般采用白色花岗石系列。此外还有意大利出产的棕色花岗小料石或大理石小料石（见图 3-23 和图 3-24）。

图 3-23　小料石地面构造

图 3-24　小料石地面构造

通常，花岗石小料石路面做粗糙饰面，接缝深，防滑效果好，但会给穿着高跟鞋的行人带来一些不便。为此可选用表面较为光滑的意大利的棕色花岗石小料石，或做过火烧处理的花岗石小料石（90mm×90mm×45mm～25mm）。路面的断面结构可根据使用地点、路基状况而定（见图 3-25 和图 3-26）。

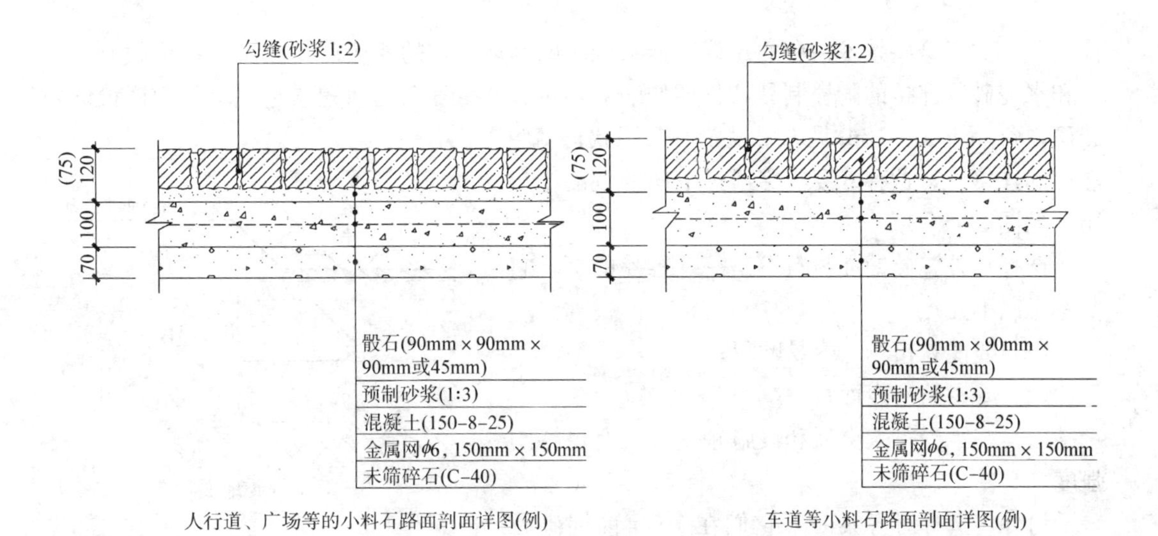

图 3－25　小料石地面构造

图 3－26　小料石地面构造

二、瓷砖地面

铺砌瓷砖地面时要配比为 1∶1 至 1∶3 富水泥砂浆加上调色和防水外加剂作为铺垫勾缝。所做的铺面、台阶和水池的池壁工程都要有严格的技术规定，瓷砖供应商还应提供书面的建议和经认可的维修工姓名。

瓷砖的底基是用 1∶1∶3 的混合料刮平成有准确坡度和形状的细骨料混凝土。重要的是应在混凝土因为收缩产生应力的地方和在铺面与竖面以及瓷砖面砖的相邻部位设置温度伸缩缝。关于这些技术措施的建议都能从瓷砖的制造厂家的相应产品技术文件中找到。至于和水泥砂浆连接的陶瓷制品，长期伸缩的影响会产生复杂的问题，它要求外面铺设的瓷砖面，每隔 10m～12m 见方要设置一条用软玛琋脂嵌填的连接缝，这种缝要贯穿通过下面的混凝土垫层（见图 3－27)。

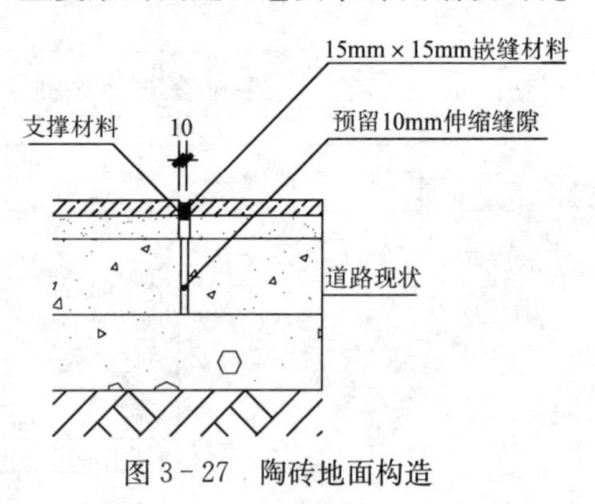

图 3－27　陶砖地面构造

选择户外瓷砖铺面材料不是一件容易的事，它要考虑以下几点：

（1）要能在市场上容易购得；

（2）要有防滑表面；

（3）在承受行人交通和设施碰撞时具有足够的强度。

另外，选择时考察一下它们在 10 年前铺砌后的使用效果。各国对使用效果考察的规定不尽相同；在英国，人们认为需要考虑 16 年的使用效果。瓷砖可集中分成 3 个基本类别。第一类也是最主要的一类，是全部上釉的瓷砖，它们类似一般的工程用砖，称为“方砖（quarrytiles 或缸砖 klinker tiles)”是最坚硬也是耐磨性最好的砖，其中黑色、蓝黑色和棕色的砖比红色、浅黄色的砖质量要好。第二类，是釉面黑体的瓷砖，它有防冻性能。最后一类，是由淤泥质黏土烧制而成的瓷砖，质地较软并上了釉。这最后一类的瓷砖大小和质地比缸砖更有吸引力，但市售商品尚不普遍。一般说来，陶砖和彩瓷砖都是烧制陶器的一种，也可以做成大块构件。这些瓷砖块的体内通常都是空心的或多孔的，以使焙烧能在全截面生效，其表面既可以为天然色的也可以为上釉的。然而，当多数釉面砖用于室外时，随着时间的推移都可能出现象发丝一样的裂纹。但彩釉陶器工业的生产商会说这恰恰是陶器品特有的，尤其是古瓷花瓶上裂纹的天然魅力，而买主却往往对此深信不疑。

由于埋置在砂浆垫层中的陶瓷制品经长期使用后会有伸缩，在底部坚实的基层和上面勾缝的面之间会产生变形差，因而室外瓷砖地面工程都要作分块铺砌。如果是铺砌在连续浇筑的混凝土底基层上的话，那么上面可以铺置较薄的块材。现有一种 25mm 厚的砖铺面材料，称为“砖块式面砖（brick tile)”。在陶瓷面砖中，有着嵌条、肋形花饰或格子形凹槽的防滑型面砖还可以改善它的排水功能；陶瓷路沿和槽形面砖可用于做成道路的边线或排水平台。一般来说，光滑饰面砖表面的坡度可以做成 1∶80 或 1∶60（见图 3－27a、图 3－27b、图 3－27c、表 3－3)。

尺　寸　表　　　　**表 3－3**

代　号	名　称	一般规格	灰　缝　宽	灰缝做法
a	水泥砖或石砖	300～500	3～9	1∶2 水泥砂浆灌缝，表面平整
b		250～300		
B	路面宽度	1870～2640		
y	缘石宽	50—120		

图 3-27a 陶砖地面构造

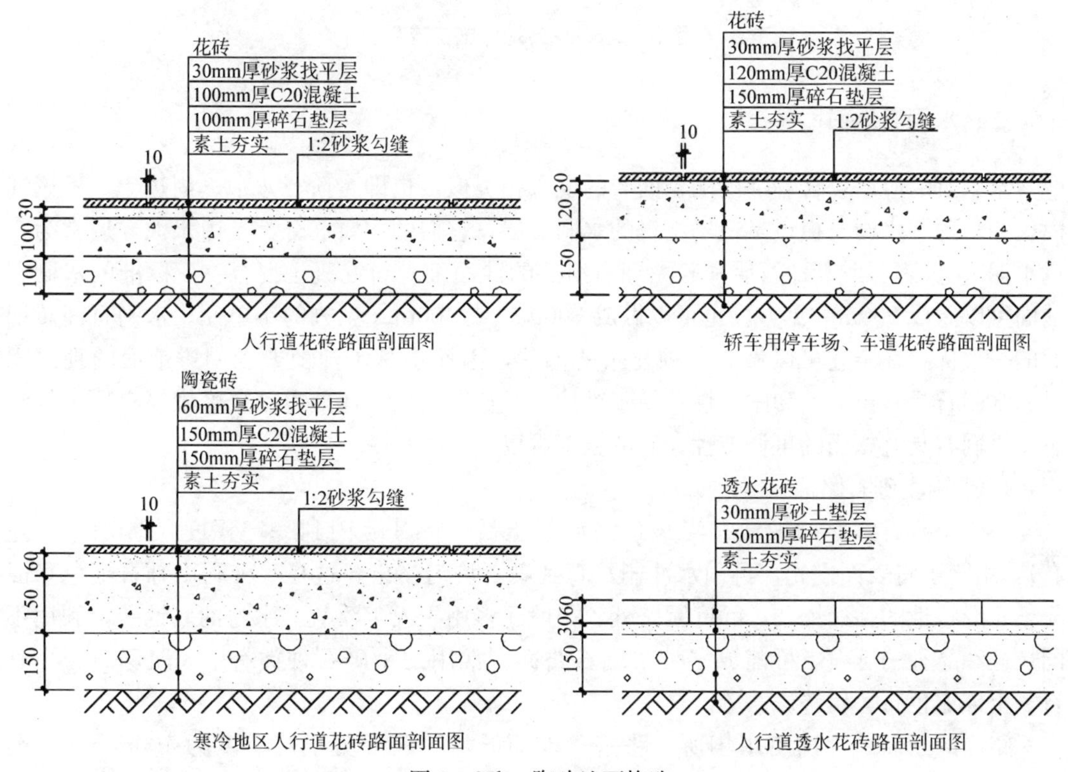

图 3-27b 陶砖地面构造

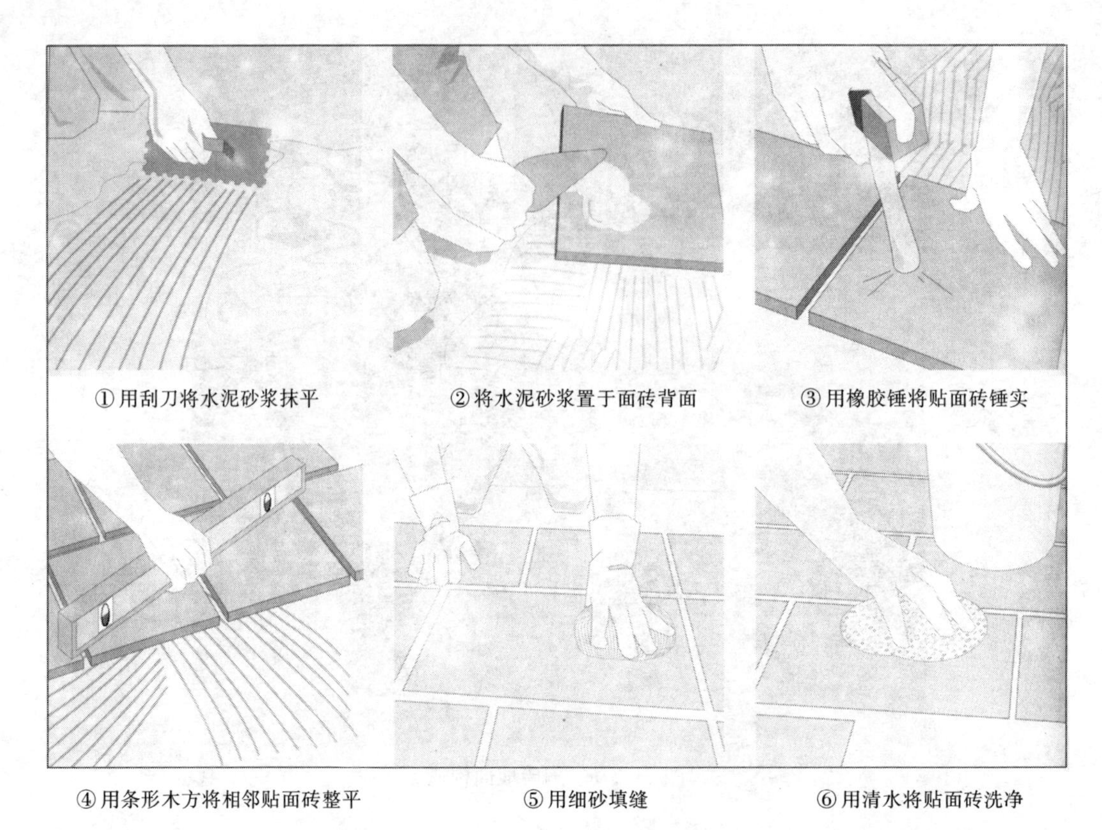
①用刮刀将水泥砂浆抹平　②将水泥砂浆置于面砖背面　③用橡胶锤将贴面砖锤实

④用条形木方将相邻贴面砖整平　⑤用细砂填缝　⑥用清水将贴面砖洗净

图 3-27c　瓷砖地面施工流程

三、水刷石地面

水刷石的应用场合和铺砌陶瓷面砖的地方相类似，也即台阶、水池、周边等。不论铺面用的是预制水刷石板还是现场浇筑的水刷石层，它们的主要成分都是由水泥（通常为有色水泥）、大理石或其他石屑和碎大理石组成的铺面细骨料混凝土混合物。标准的水刷石铺面可以做成 900mm 见方，也可以做成 300mm 或 400mm 见方的小单元。水刷石面砖铺面的一个优点在于它可以做成各种复杂的形状，因而也是水池池壁和周边铺面的理想用材。水刷石具有抗冻性和耐久性并易于维护，经长期使用后还能重新研磨恢复它原来的状态。水刷石具有相当的可调节性，它的坡度可以做成 1∶80。

1. 水刷小砾石路面

水刷小砾石路面的做法：浇筑预制混凝土后，待其凝固到一定程度（24h—48h 左右），用刷子将表面刷光，再用水冲刷，直到砾石均匀露出。这是一种利用砾石配色和混凝土光滑特性的路面铺装，除庭园路外，一般还多用于人工溪流，水池的底铺装。利用不同粒径和品种的砾石，可铺成多种水刷石路面。常用的小砾石种类有：大肌砾石、小砾石，土佐五色石、伊势砾石等。

路面的断面结构视使用场所、路基条件而异，一般混凝土层厚度为 100mm（见图 3-28、图 3-29、图 3-30）。

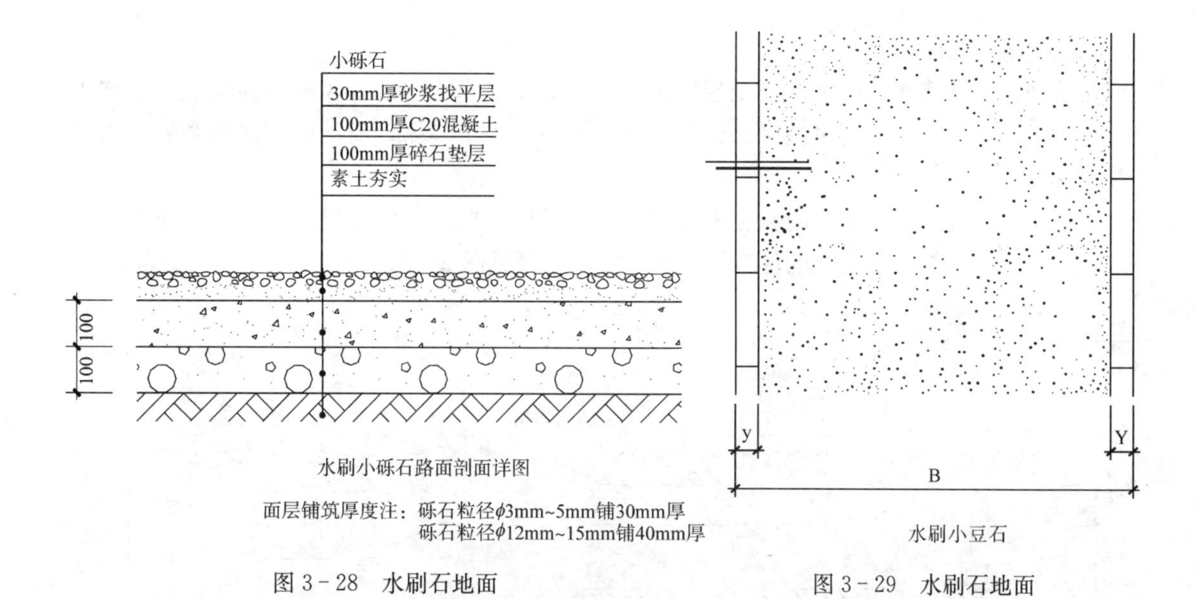

图 3－28　水刷石地面

图 3－29　水刷石地面

图 3－30　水刷石地面

2. 卵石嵌砌路面

此种路面的作法是：在混凝土层上摊铺 20mm 以上厚度的 1∶3 水泥砂浆，平整嵌砌卵石，最后用刷子将水泥浆整平。卵石嵌砌路面主要用于园路，所用卵石除那智石，大肌砾石外，还有大卵石。

路面的铺筑厚度视卵石的粒径大小而异。其断面结构也会因使用场所、路基条件等而有所不同，但一般混凝土层的标准厚度为 100mm。（见图 3-31、图 3-32、图 3-33）。

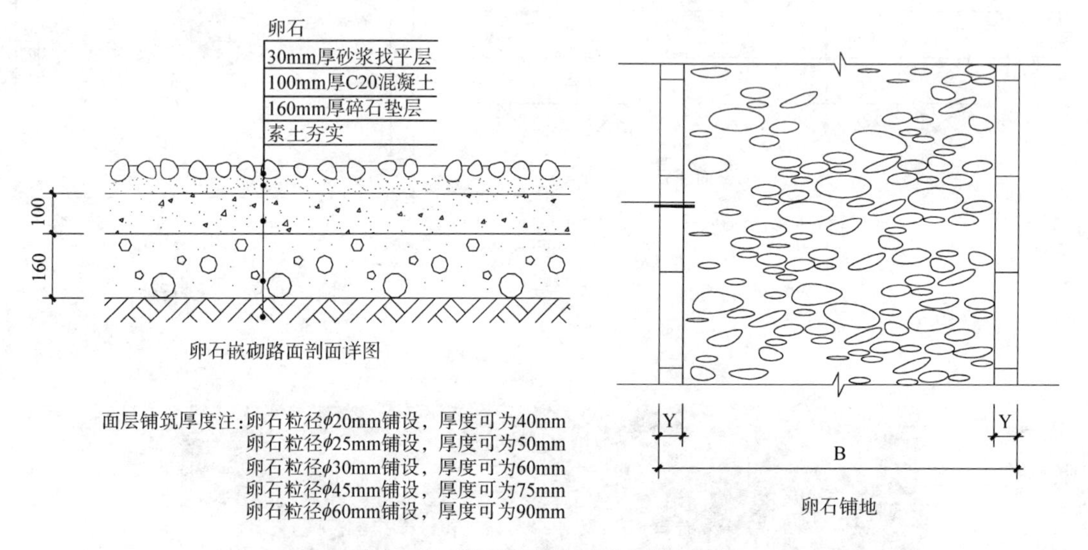

图 3-31　卵石嵌砌路面平、剖面详图

图 3-32　卵石地面

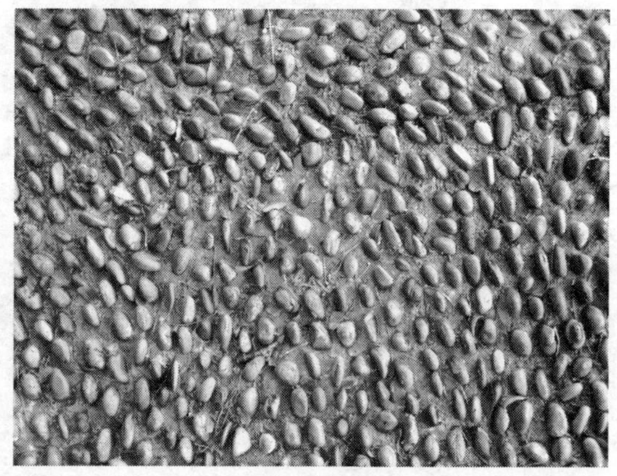

图 3-33　卵石地面

第四章　排 水 构 造

地表水及地下水的排汇是布置道路和庭园中首要的问题。现场地区的水流量可根据降雨量、主风向图及勘测详图考虑，勘测详图应包括地下水位、基层土、水源线及水流的资料。

铺面的排水是将铺面做成向沟渠（明渠或暗渠）倾斜，再由集水口流走。铺面的倾斜反映了铺面的水流特征，对于表面较粗糙材料采用最大坡度而对于光滑材料则采用缓坡（参见表 4－1）。

不同条件下的地面坡度　　**表 4－1**

混凝土	1∶60 的直线横向斜坡（3m 长度内 50mm） 1∶100 或 1∶150 的长斜坡
沥青铺面	1∶48 起拱，1∶200 长斜坡 1∶40 起码线横向斜坡 运动场为 1∶60
砾石	1∶30，主要是防止因凹凸不平而生苔藓等
砖	最小为 1∶60
铺面板	1∶72（1.8m 长度内 25mm）为一般规定的最小值；经验认为，采用更大的坡度，一般也不会有滑倒的危险
公共路面	1∶48 及 1∶32 二者均普遍采用，局部地区采用其他横向坡度的也很普遍，或由主管部门审批

表面的铺装材料几何形状无论是单向的、双向的或倒锥形的都与平面面积有关。关于使用地面沟渠及集水口方法可参考图 4－1。狭窄的道路或周边边长为 6m 以下的台地最好采用单向排水，但沟渠构件则必须采用双向倾斜流至出口，这就可以应用单斜面产生一个顺向的简单构造。这种构造适用于台地的地面及砖铺饰面。在诸多实例中显示，排水沟渠构造就是在道路和台地之间且有足够宽的水平边缘上，形成的具有一定流向的槽。

沥青、碎石沥青路面及现浇混凝土铺面可按模板浇成多个斜面，这就可以将标准断面的沟渠砌块紧靠着圆的路缘石砌筑，采用错开位置的方式来布置集水口以分散积水，就不会沿整个路旁长度上成串积水。

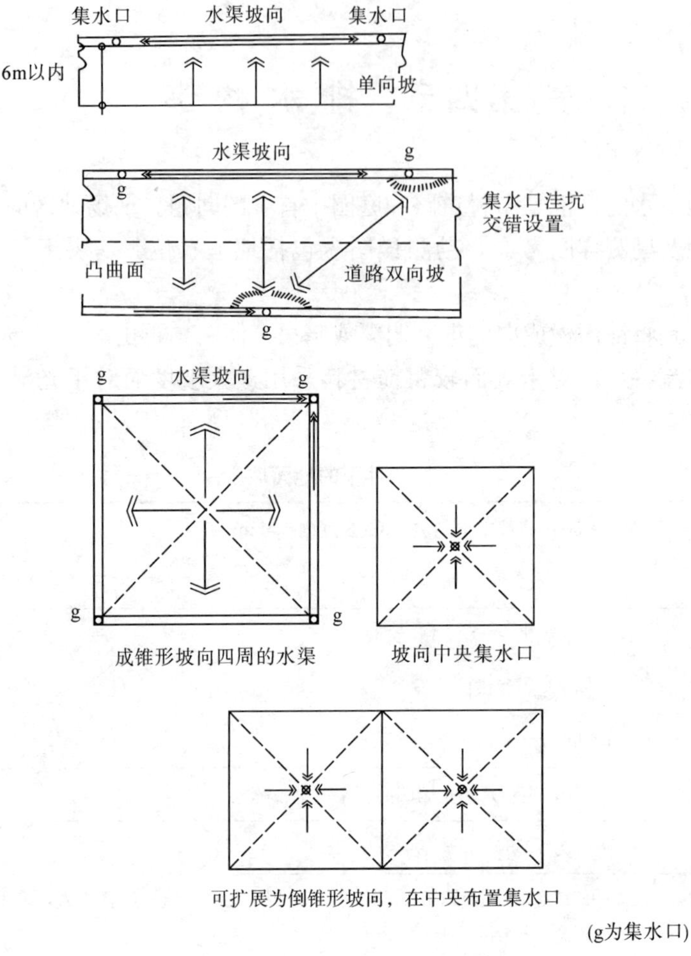

图 4－1　地面沟渠及集水口方法

第一节　雨水管渠排水

一、地表水排水管

图 4－2 中所示为排水系统的布置，它反映了与市政排水系统连接的地表水排水管布置所采用的原理。从场地边缘到市政排水系统最后的连接是由市政管理部门进行的，并将管道置于如图示的鞍形支座上。在场地边缘处必须设置检查井，且在河谷或潮汐区有反涌问题的地方安装防洪闸。在管线方向改变处及垂直方向每隔 45m 处必须设置检查井或通渠孔，以便用通渠杆清除堵塞物。与其他排水管的连接处也须设检查井。集水沟的终端必须有存水弯以封闭排水管中的气味。一般不必采用专门通风措施，除非排水系统与污水管网连接一起。支配管道内水流作用力的是自重水流。如管道铺设成缓坡，则有利于水通过自重作用排出，避免碎石的沉积而堵塞管道。

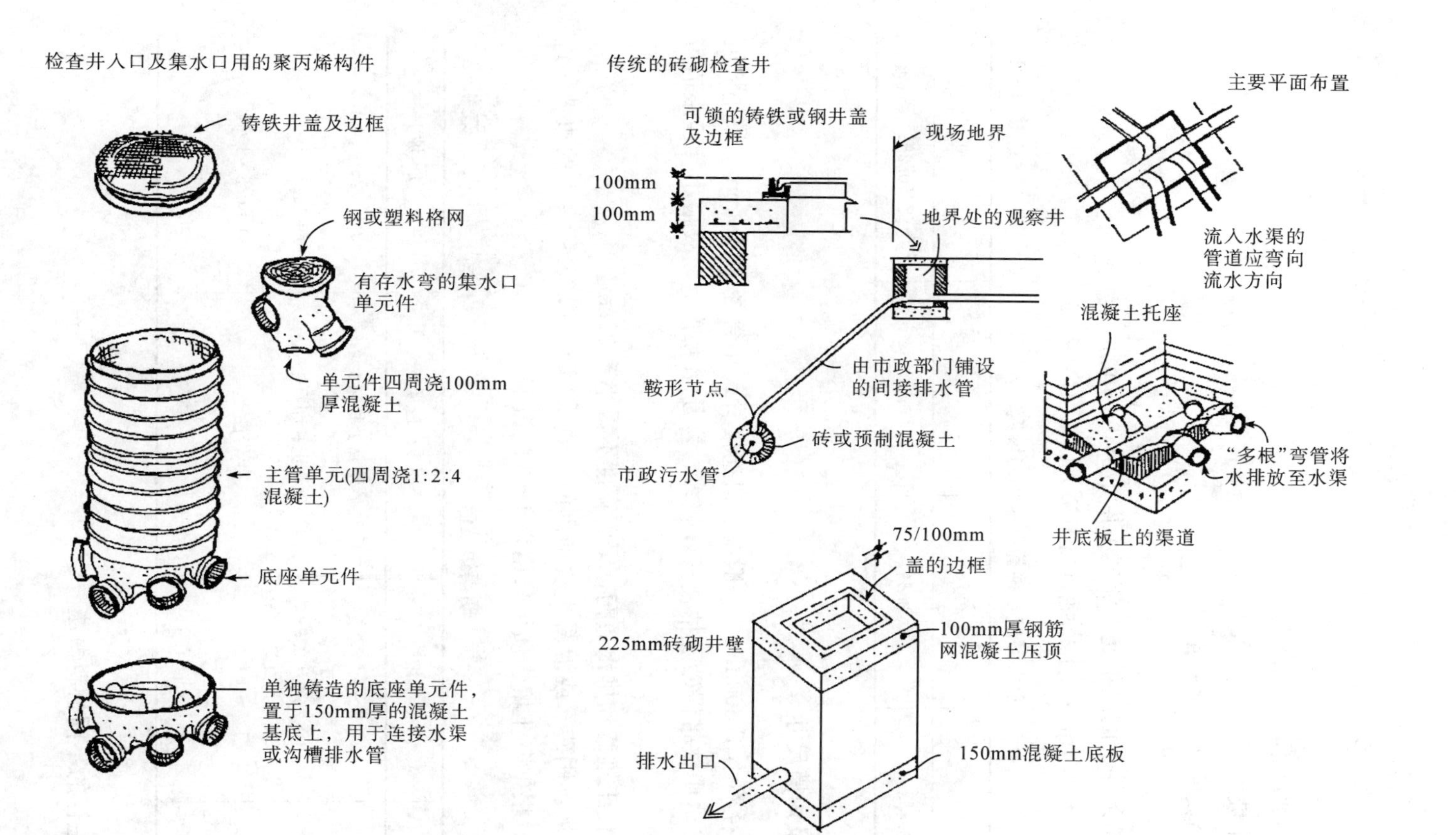
检查井入口及集水口用的聚丙烯构件
铸铁井盖及边框
钢或塑料格网
有存水弯的集水口
单元件
单元件四周浇100mm
厚混凝土
主管单元(四周浇1:2:4
混凝土)
底座单元件
单独铸造的底座单元件，
置于150mm厚的混凝土
基底上，用于连接水渠
或沟槽排水管
传统的砖砌检查井
可锁的铸铁或钢井盖
及边框
现场地界
100mm
100mm
地界处的观察井
由市政部门铺设
的间接排水管
鞍形节点
砖或预制混凝土
市政污水管
主要平面布置
流入水渠的
管道应弯向
流水方向
混凝土托座
“多根”弯管将
水排放至水渠
井底板上的渠道
75/100mm
盖的边框
100mm厚钢筋
网混凝土压顶
225mm砖砌井壁
150mm混凝土底板
排水出口
方形砖砌检查井

图 4-2　排水管布置原理

二、雨水管渠的布置

1）雨水管的最小覆土深度不小于 0.7m。

2）最小坡度：

◆ 道路边沟的最小坡度不小于 0.2%；

◆ 梯形明渠的最小坡度不小于 0.02%；

◆ 雨水管道的最小坡度规定见表 4-2。

3）最小允许流速：

◆ 各种管道在自流条件下的最小允许流速不得小于 0.75m/s。

◆ 各种明渠不得小于 0.4m/s（个别地方可酌减）。

雨水管道各种管径最小的坡度 **表 4-2**

管径（mm）	200	300	350	400
最小坡度	0.4%	0.33%	0.3%	0.2%

三、排水管管径及沟槽尺寸

1. 雨水管最小管径不小于 300mm，一般雨水口连接管最小管径为 200mm，最小坡度为 1%。公园绿地的径流中挟带泥砂及枯枝落叶较多，容易堵塞管道，故最小管径限值可适当放大。

2. 梯形明渠为了便于维修和排水通畅，渠底宽度不得小于 30cm。

3. 梯形明渠的边坡，用砖石或混凝土块铺砌的一般采用 1∶0.75～1∶1 的边坡。边坡在无铺装的情况下，根据其土壤性质可采用表 4-3 的数值。

明渠边坡值 **表 4-3**

明渠土质	边坡	明渠土质	边坡
粉砂	1∶3～1∶3.5	砂质黏土和黏土	1∶1.25～1∶1.5
松散的细砂、中砂、粗砂	1∶2～1∶2.5	砾石土和卵石土	1∶1.25～1∶1.15
细实的细砂、中砂、粗砂	1∶1.5～1∶2.0	半岩性土	1∶0.5～1∶1
黏质砂土	1∶1.5～1∶2.0		

四、地表水排水主管的不同材料做法

1. 沥青纤维管

由于它的脆性及有被虫鼠及树根破坏的危险，经常用于地面排水管网。其连接构造依赖“滑移接头”将锥形塑料套管推到管端起到卡口作用以此连接。

2. 塑料管

选用的有带聚丙烯聚合物连接接头的聚氯乙烯塑料管。塑料厂可替所有其他材料，像集水口及检查井等一整套的组合设备都可采用。连接可用压密的连接接头。管件及设备一经设置就位，即在四周小砾石埋置，但管道置于交通地段时必须浇注混凝土。其工艺包括与釉面陶土制品的连接，当要求有更高的强度时还可与铸铁管连接。

3. 釉面陶土管

釉面陶土管接头可以是柔性或刚性的，柔性的可用塑料连接，刚性的用一般水泥砂浆及周圈加衬垫压紧。釉面陶土管宜设置于容易污染的基土上，也包括有较重交通荷载的地方。刚性管件接头连接要求设混凝土基础，并设计成能抵御在黏土中产生沉降差的构造，以避免管件在土的自重作用下产生破裂。

4. 钢管及铸铁管

这些特殊连接件用于穿过建筑物底下的管道，并可与用柔性螺栓连接的管座配合，以适应可能发生的较大沉降。也可安装于有严重污染的场地，以及将管网铺于泥炭土和淤泥基土的地区。铸铁连接件经常安装在不易磨损的地方——例如停车场及道路和检查井盖和集水口处——但应连接于塑料管网上。

5. 预制混凝土

这种管件和连接件用于道路工程及大型排水管网。预制集水口做成很大的尺寸，用于道路排水管网，渠道排水网也增加有关预制混凝土管件和连接件的规定。

五、地表水排水横管和支管的不同材料形式

1. 排水横管

排水管的深度和间距随着基土粘聚强度的增加而必须减小，对常用的挖槽铺设排水管要求的施工操作步骤为，首先挖沟，为排水管铺设提供工作面，然后用砾石或碎石作管的垫层，并在铺管后将四周填满，最后盖上一层树枝或塑料网，再回填土。管材的选择根据要求的性能决定。塑料管只能按长度卷成一盘出售，沥青纤维管或制品管要用平板货架车运输。

2. 排水支管

排水支管是地面排水系统的基本组成，且必须防止管件出现渗漏或沉陷，所以采用套管和承插管连接。树根可能是一个最大的麻烦，它会挤破管件或使管子脱节以至堵塞。混凝土垫层、砂浆连接及接头处的混凝土外壳，在有树根处应做适当的预防措施。

如图 4-3、图 4-4 所示。

3. 排水支管间距

排水支管间距，参见表 4-4。

4. 排水横管和排水支管的部件

1) 不上釉的成品管件

传统的带肋管件普通的和多孔的管件，直径为 75mm、100mm 或 150mm，这些管件尽管可用现有的生产机械进行挖沟、铺管及回填一次操作完成，但经常还是用人力铺设的。管件容易受到干扰，脱离管线，导致积水和淤塞。它的铺设方法是在靠管的 75mm 及 100mm 处设置卡口使管路更加稳定。

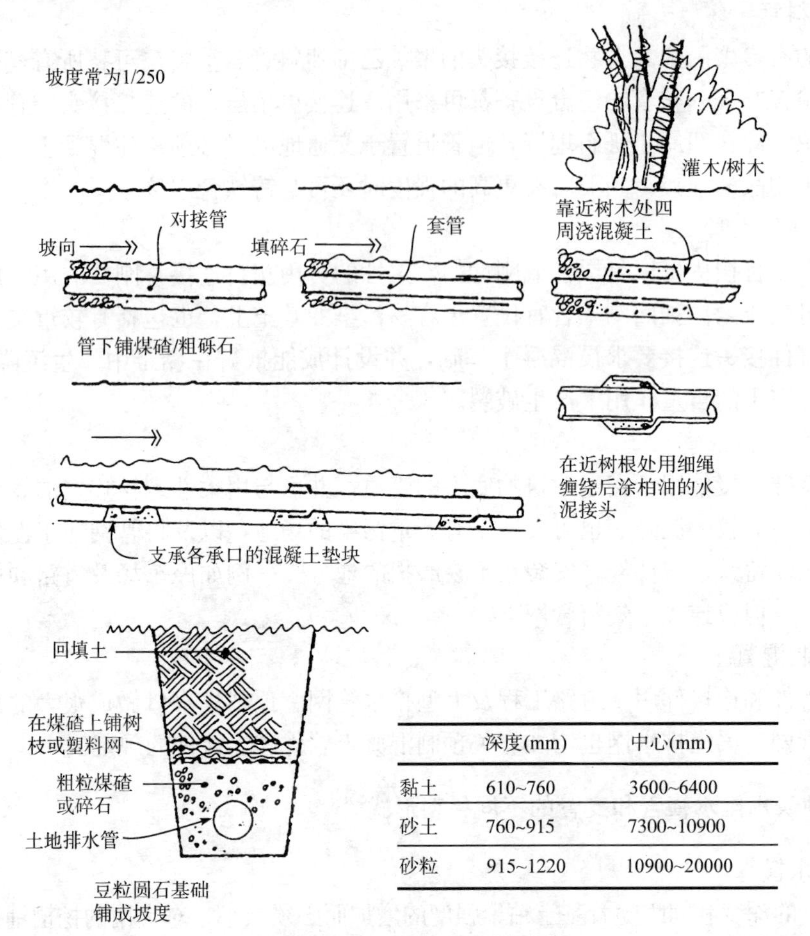

	深度(mm)	中心(mm)
黏土	610~760	3600~6400
砂土	760~915	7300~10900
砂粒	915~1220	10900~20000

图 4－3　横向排水管及排水支管的布置

排水支管间距（单位：mm）　　**表 4－4**

土的类别	排水支管中心 排水主管至支管最低点的深度	
	600～900	900～1200
砂	30500～45700	45700～91400
亚砂土	25900～3030500	30500～45700
粘质砂土	13700～16800	16800～19800
亚粘土	22900～25900	25900～30500
砂质粘土	10700～12700	12200～13700
粘土	7600～9100	9100～10700

2）混凝土管

其比黏土制品管件更有优越性，因为它可做成承插连接的方式，并可在多孔材料做成

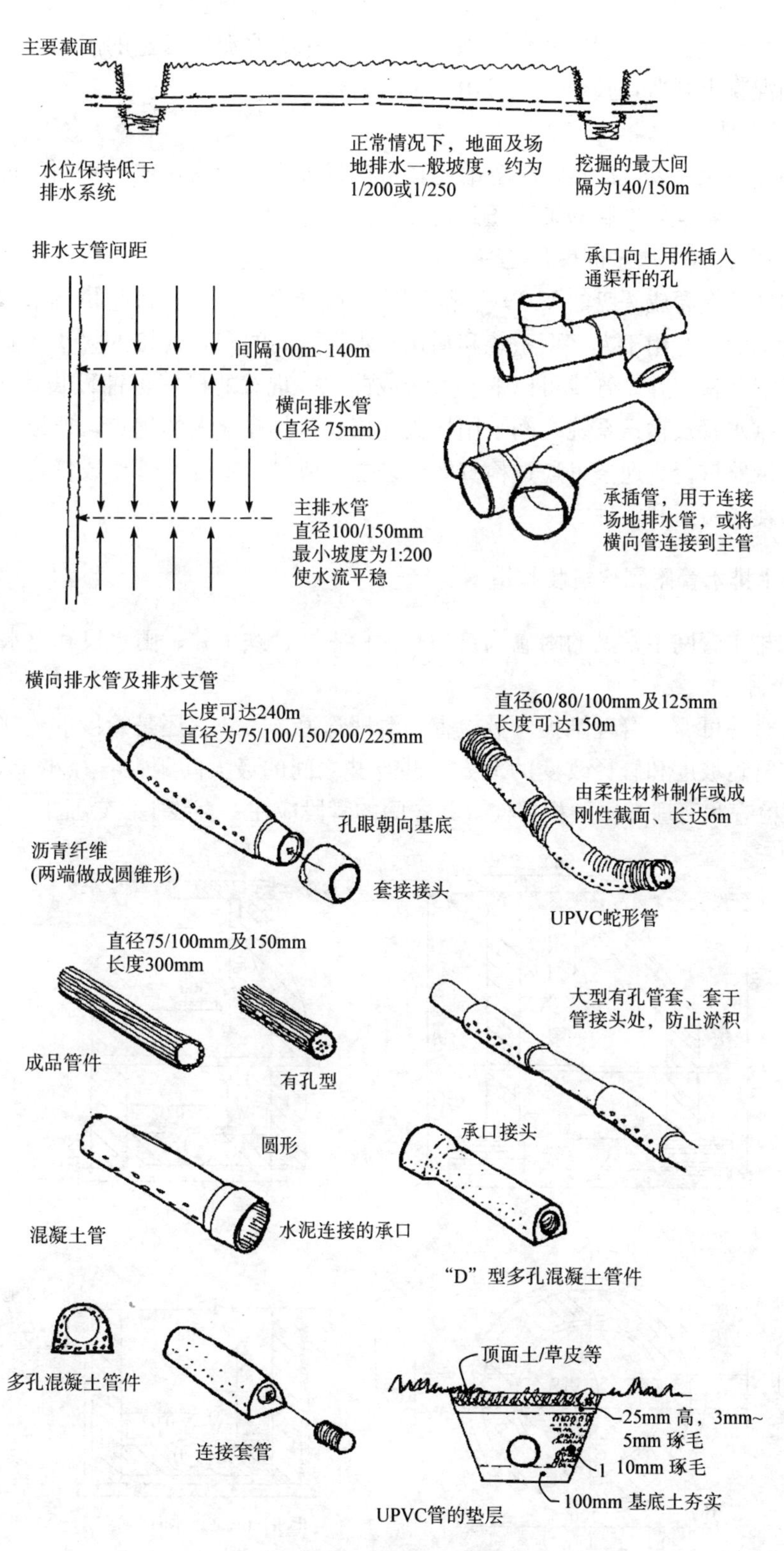

图 4－4　横向排水沟及其间距

的平坦垫层上铺设。可以利用蜂窝混凝土块的形式来克服泥砂渗透的问题。支管及沉砂井集水口也用混凝土制造，整个系统可用一种材料建成。

3）沥青纤维管

为节约并简化安装，沥青纤维管的连接可制成锥型管接头，或采用两种尺寸的管交替插入铺放。沥青纤维管性脆易被重压碎裂或侵蚀破坏。

4）UPVC 管（未增塑的聚氯乙烯管）

工程中用的有卷成圆盘的 UPVC 管，或长 6m 成多孔状的，都是供排水用的。现有接头有用于管端的，有用于人字型系统和输送排水管之间的多管连接的接头。其中，设备包括沉砂井及清污检查井。管线可以铺成直线或曲线，现有的机械可铺设长达 150m 成盘的管。在地面排水管及输送系统之间采用接头连接设备具有很大的优点，所以疏通管渠时可沿主排水管网路进行。通条可通过检查井伸进去，或可将主排水管作成慢弯向上伸至地面高度，以方便于疏通和清理。

六、雨水排水管附属构筑物构造

在雨水排水管网中常见的附属构筑物有：检查井、跌水井、雨水口和出水口等。

1. 检查井

设置检查井可便于管理维护人员检查和清理管道，另外它还是管段的连接点。检查井通常设置在管道坡度和管径改变的地方。井与井之间的最大间距在管径小于 500mm 时为 50m。为了检查和清理方便，相邻检查井之间的管段应在一直线上。（见图 4－5）

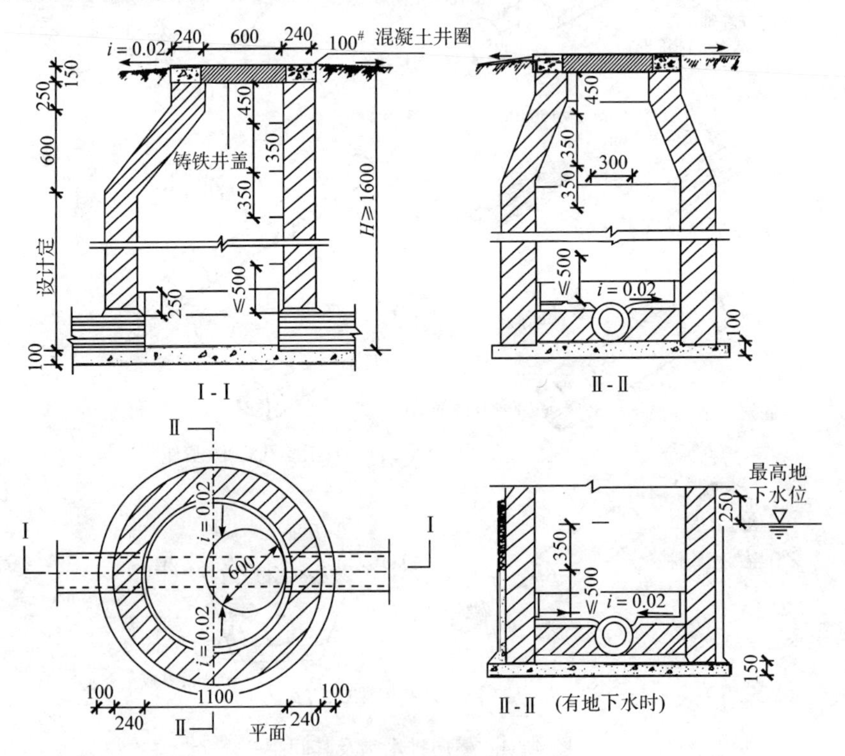

图 4－5　检查井

2. 跌水井

跌水井是检查井一种。在地形变化较大时，为了保证管道有足够覆土深度，管道有时需跌落相当高度。设置在这种跌落处的检查井便是跌水井。常用的跌水井有竖管式和溢流堰式两种类型。竖管式适用于直径等于或小于 400mm 的管道；大于 400mm 的管道中应采用溢流堰式跌水井。但在实际工程中如上、下游管底标高落差大于 1m 时，只需将检查井底部做成斜坡水道衔接两端排水管，而不必采用专门的跌水措施（见图 4-6）。

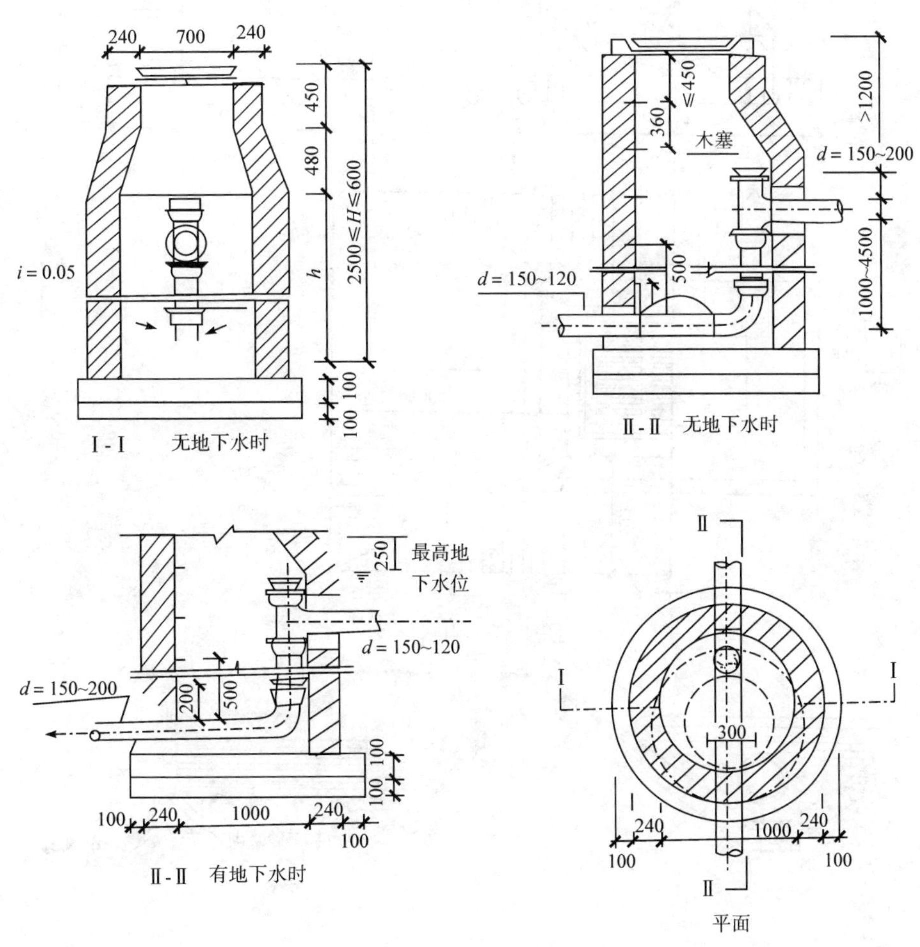

图 4-6　跌水井

3. 雨水口

雨水口通常设在道路边沟或地势低洼处，是雨水排水管收集地面径流的孔道。雨水口设置的间距，在直线上一般控制在 30m～80m，它与干管常用 200mm 的连接管连接，其长度不得超过 25m（见图 4-7）。

4. 出水口

出水口是排水管渠排入水体的构筑物，其形式和位置视水位、水流方向而定，但管渠出水口不要淹没水中，最好令其露在水面上。为了保护河岸或池壁及固定出水口的位置，通常在出水口和河道连接部分设置护坡或挡土墙（见图 4-8）。为使出水口不破坏景观，常采用美化处理。见图 4-9 是排水构造物的几种艺术处理。

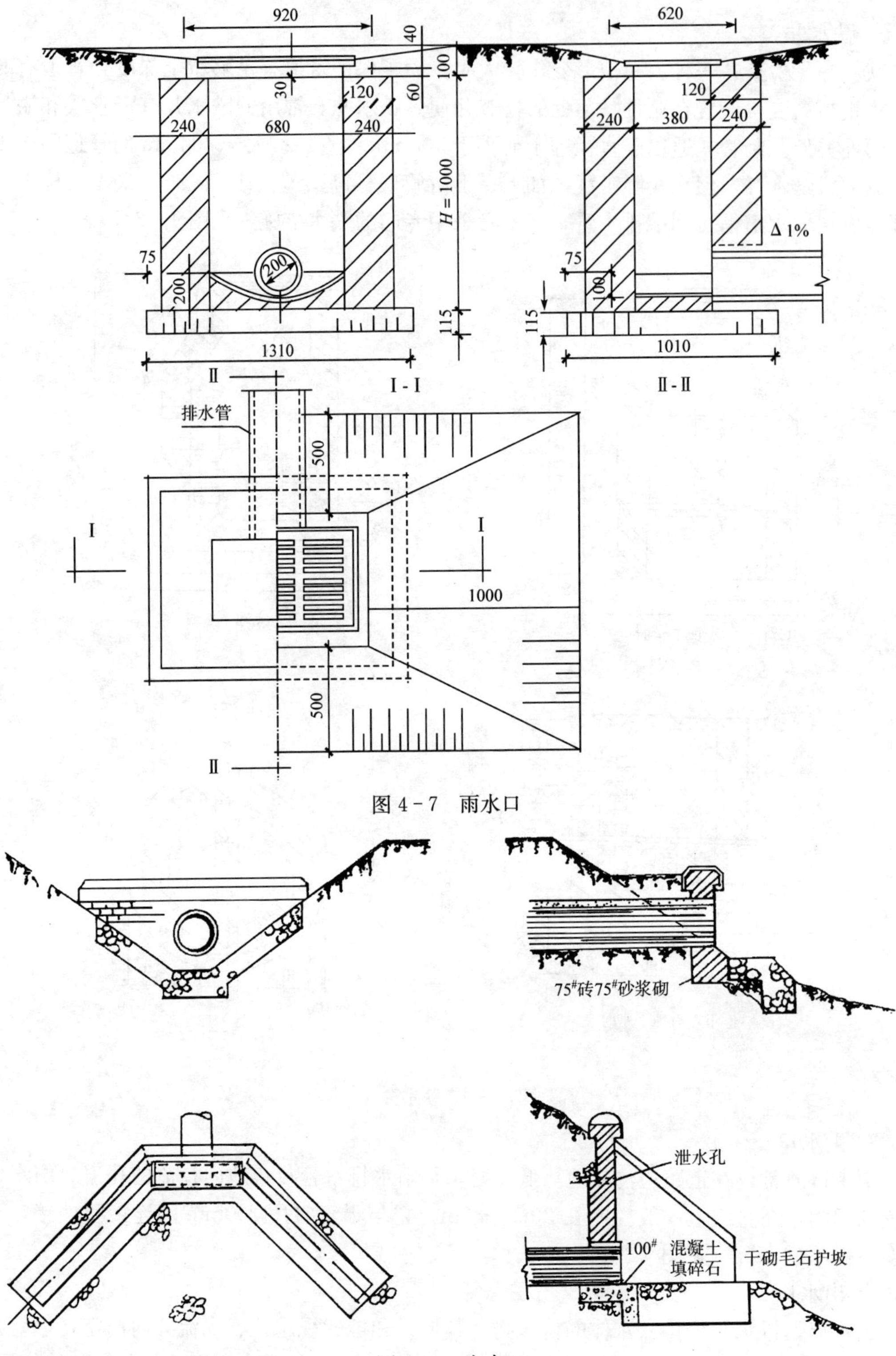

图 4-7 雨水口

图 4-8 出水口

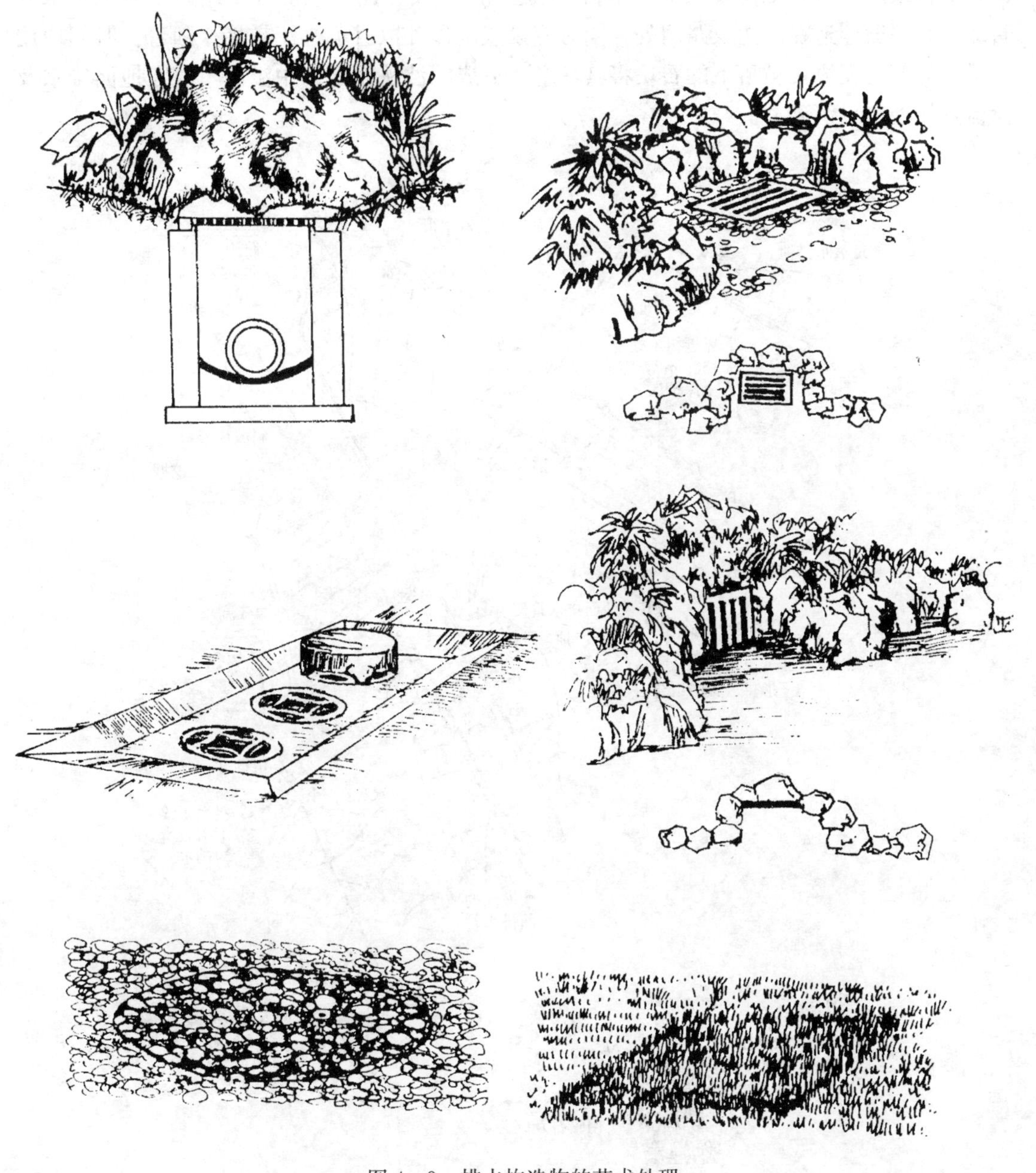

图 4-9　排水构造物的艺术处理

第二节　排　水　沟

排水沟常见的类型有三种（见图 4-10）：第一种是倾斜于等高线的单格网形，有主排水管（亦称输送管），流至溪流中；第二种是将排水系统扩展为人字形，如图中的右下方所示，第三种是在较潮湿地段可采用沟渠排水和人字形方式的组合。为防护溪流的冲蚀必须设支挡或溅水板，如图 4－11。同样的措施也用于设在路堤或陡坡下用以排除地表水的盲沟。它一般建造在路边及路肩处。同时应设置沉砂井以避免水流被堵。随着长时间使用沟槽可能变为泥潭，被落下的石块将其堵塞，造成泥沙从排水沟中溢出，故在地面排水及溪流连接处应设沉砂井。

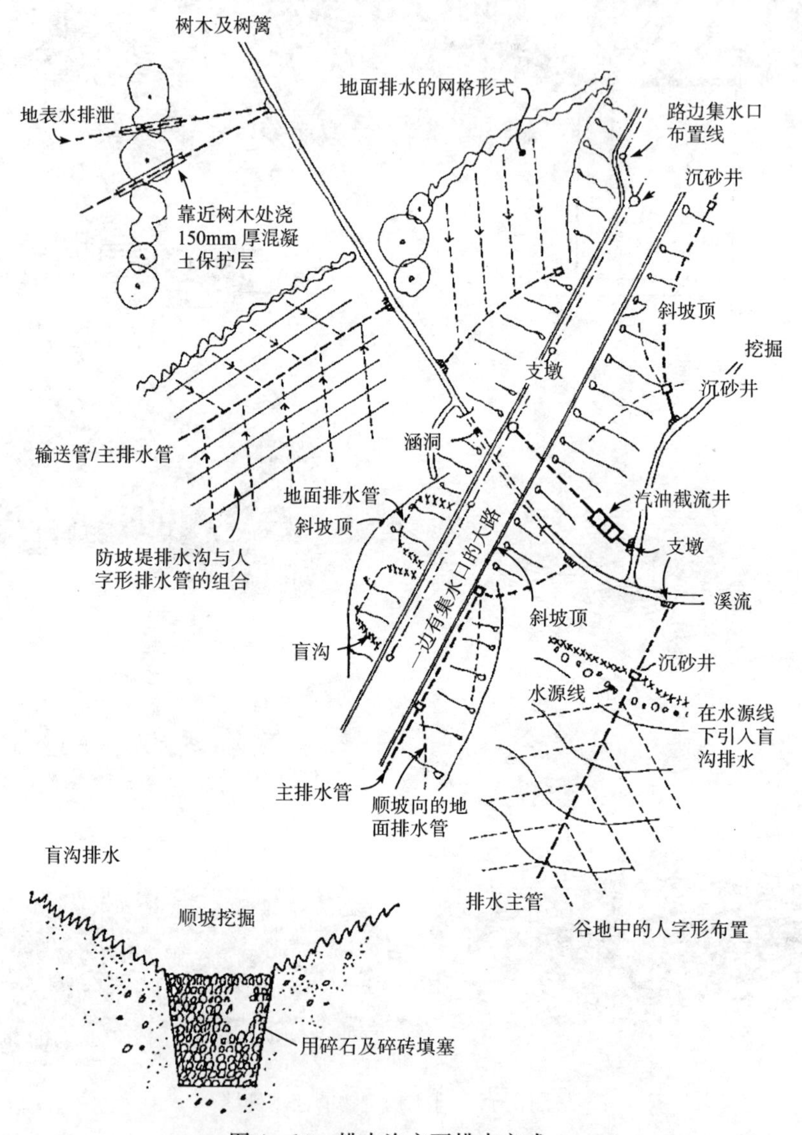

图 4－10　排水沟主要排水方式

公路地表水的排水网往往容易被汽油、石油污染。常用的清污装置包括三个清污用的过滤沉砂井，路边集水口也要装置沉砂井。这些装置可以是存留碎石及砂粒的深水井也可以是斗式集水沟。前者可用轻便机械泵清理，后者必须用人力来掏。

一、边沟

所谓边沟，是一种设置在地面上用于排放雨水的排水沟，其形式多种多样，有铺设在

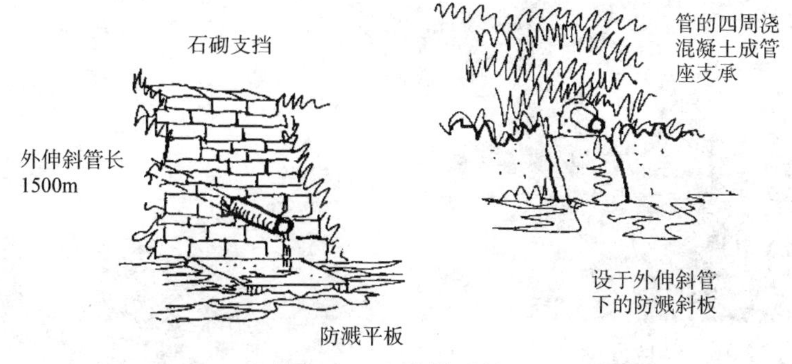

图 4－11　防溅平板

道路上的 L 形边沟、步车道分界牙砖铺筑的街渠、铺设在停车场内园路上的碟形边沟以及铺设在用地分界点、人口等场所的 L 形边沟（U 形沟）。此外，还有缝形边沟和与路面融为一体的加装饰的边沟等。

边沟所使用的材料一般为混凝土，有时也采用嵌砌小砾石的材料。

U 形边沟沟箅的种类比较多，如混凝土制沟箅、镀锌格栅箅、铸铁格栅箅、不锈钢格子箅等（见图 4－12 至图 4－18）。

图 4－12　带铸铁箅子的 U 形边沟

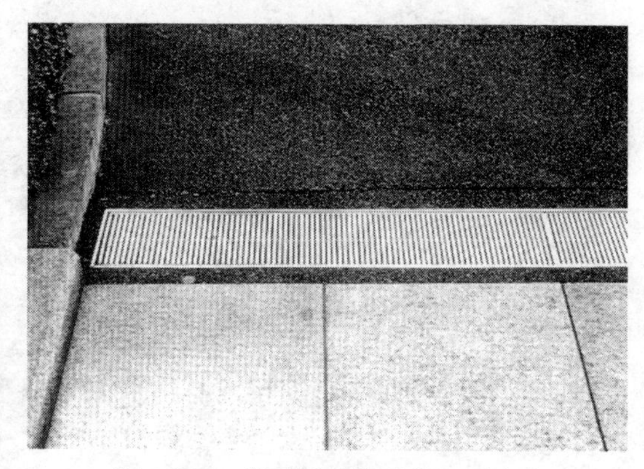

图 4－13　带不锈钢箅子的 L 形边沟

图 4－14　街渠

图 4－15　碟形边沟

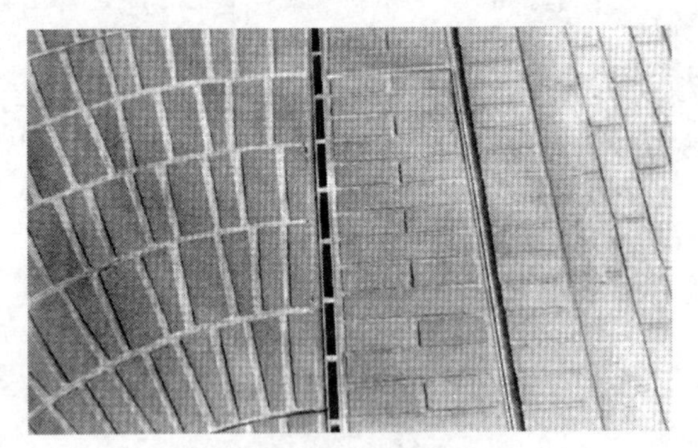

图 4-16　缝型边沟

图 4-17　带铸铁箅子的 U 形边沟

图 4-18　加装饰边沟

二、边沟的设计要点：

1. 应按照建筑项目的排水总体规划，参考排放容量和排水坡度等因素决定边沟的种类和规模尺寸。

2. 雨水排除设计主要是针对建筑区内部的雨水排放处理，因此，应在建筑区的出入口处设置边沟（主要是加格栅箅的 U 形沟）。

3. 使用 L 形边沟，在路宽 6m 以下的道路，应采用 250 型钢筋混凝土 L 形边沟，对宽 6m 以上的道路，应在双侧使用 300 型或 350 型的钢筋混凝 L 形边沟。

4. U 形沟则常选用 240 型或 300 型成品。

5. 用于车道路面上的 U 形边沟，其沟箅结构应考虑能够通行车辆荷载，而且最好选择可用螺栓固定不产生噪声的沟箅。

6. 步行道、广场上的 U 形沟沟箅，应选择细格栅类，以免行人的鞋跟陷入其中。

7. 在建筑的入口处，一般不采用 L 形边沟排水，而是以缝形边沟、集水坑等设施排水，以免破坏入口处的景观。

下面是几种边沟构造（见图 4-19 至图 4-21）。

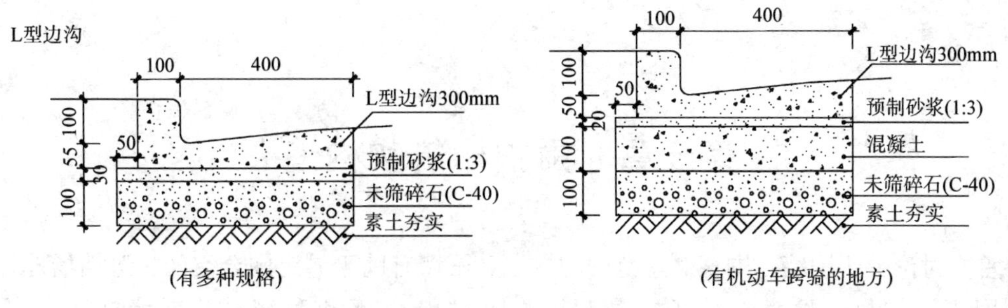

图 4-19　L形边沟

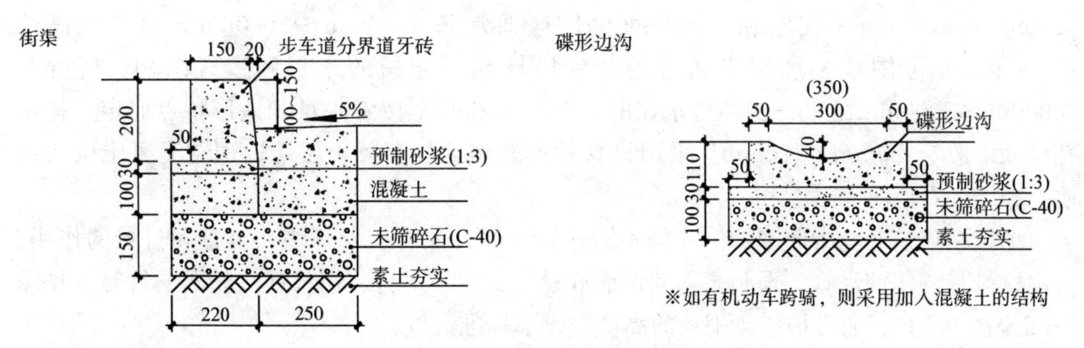

图 4-20　街渠、碟型边沟

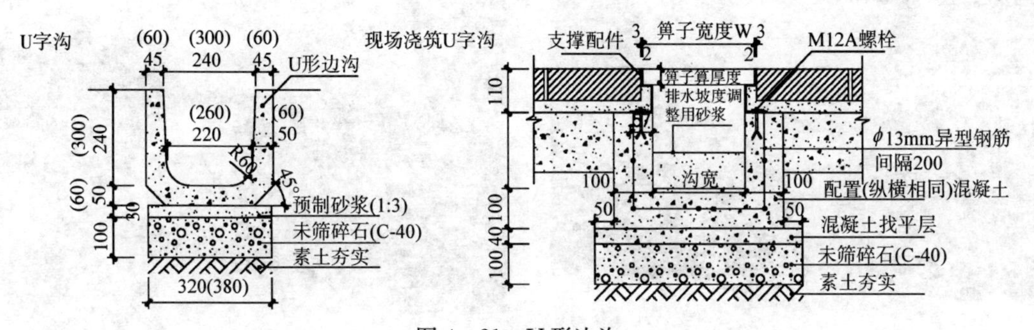

图 4-21　U形边沟

第五章　围护构筑物构造

首先讨论关于围墙与围栏概念范围的界定。围墙有助于界定围合空间、遮挡场地外的不利因素，如风、噪声、不好的景观，并提供安全感和私密感。围墙柱距一般为2400mm～3600mm；围墙高度一般为1800mm～2200mm；分区用的围墙高度可为1200mm～1500mm；住宅和花园尺度的围墙通常高1000mm～2000mm，有时也高达2400mm；单位围墙一般用半通透的锻铁栏杆或不通透的木板和板式结构，高度在2000mm～3000mm之间。围墙排水孔的设置尺寸和间距按降水量和地形特点而定，排水孔尺寸一般≥120mm×120mm。采用材料种类较多，如混凝土围墙、预制混凝土砌块围墙、砖墙、石墙等。

护栏在建筑环境中起围护、分隔不同使用空间并兼有美化环境、组景和衬景的作用。常用材料有镀锌钢水管、预制高强度钢筋混凝土支柱、木材、钢（铁）丝网、竹等（见图5-1至图5-4）。通常护栏、围栏的高度按以下标准设置：

图5-1　混凝土围墙

图5-2　砖围墙

图5-3　木围栏

图5-4　金属围栏

限制人进出者，高度为1.8m～2m以上；隔离植物者，高度为0.4m左右；限制车辆进出者，高度为0.5m～0.7m以上；标明分界者，高度为1.2m～1.5m左右；球类等场地的挡球网，高度为3.0m～4.0m之间。

第一节 围 墙

砖、石、混凝土的特性和耐久性是指它将材料砌筑完成后所具有的承载力以及外露情况下的性能。

石灰石和砂岩——一般用于建造庭园墙和垒筑地界墙。

花岗石、大理石及板岩——专供专门的细部构造用，如压顶以及装饰效果的需要。如材料供应丰富花岗石及板岩毛石也可用于庭园砌筑。

卵石——用于砌筑卵石墙，以及在白垩岩层较普遍的地方用于修建传统特色的本土建筑。

一、围墙设计要点

1. 断面结构应根据规划地段的地基条件、地耐力等因素而定。

1）墙基

基础的埋深和类型根据地基承受的墙体荷载决定。不同地基土的允许承载力见表5-1。

各种地基土的允许承载力及其特性 **表5-1**

分组	土	允许承载力（kN/m²）
I	花岗岩	1070
	石灰岩，砂岩	430
	硬砂岩，软砂岩	320
	黏土页岩石	110
	硬质白垩土	65
	断裂带基底，轻质白垩土	
II	压实性砾石	60
	密实性砾石，砂砾	20～60
	疏松性砾石，砂砾	20
	压实砂	30
	密实砂	10～30
	疏松砂	低于10
III	坚质黏土	43～65
	硬质黏土	22～43
	稳定性黏土	11～22
	软质黏土及泥砂	5.5～11
	软质黏土，软质泥砂	低于5.5
IV	泥炭土	基础取至原土以下
V	地底淤泥	在场地作出评估，一般采用桩基或筏基，视地下水位而定

当地基土为黏土，基础深度为1200mm或更深时，将要有1/3造价的材料将埋置于地下，在很大程度上增加墙体结构的造价（见图5-5）。

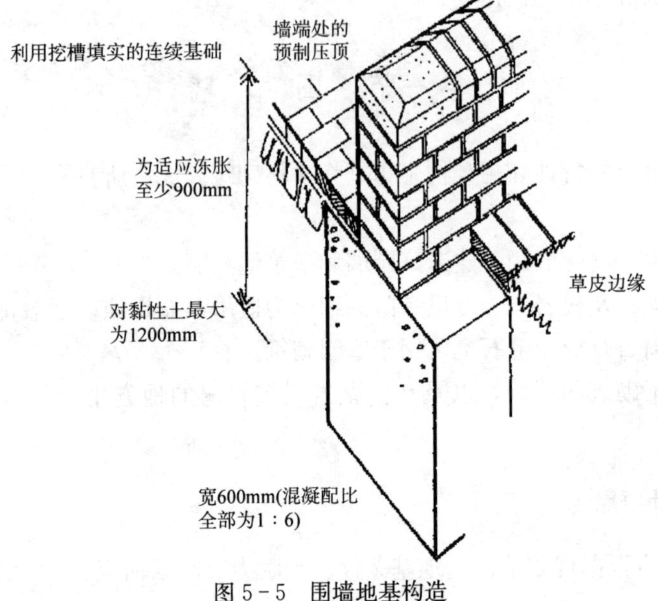

图5-5　围墙地基构造

2）压顶及构造

压顶砖可铺筑在水泥砂浆（1∶3）垫层上，在其下面铺沥青油毡或刷沥青涂料作为防

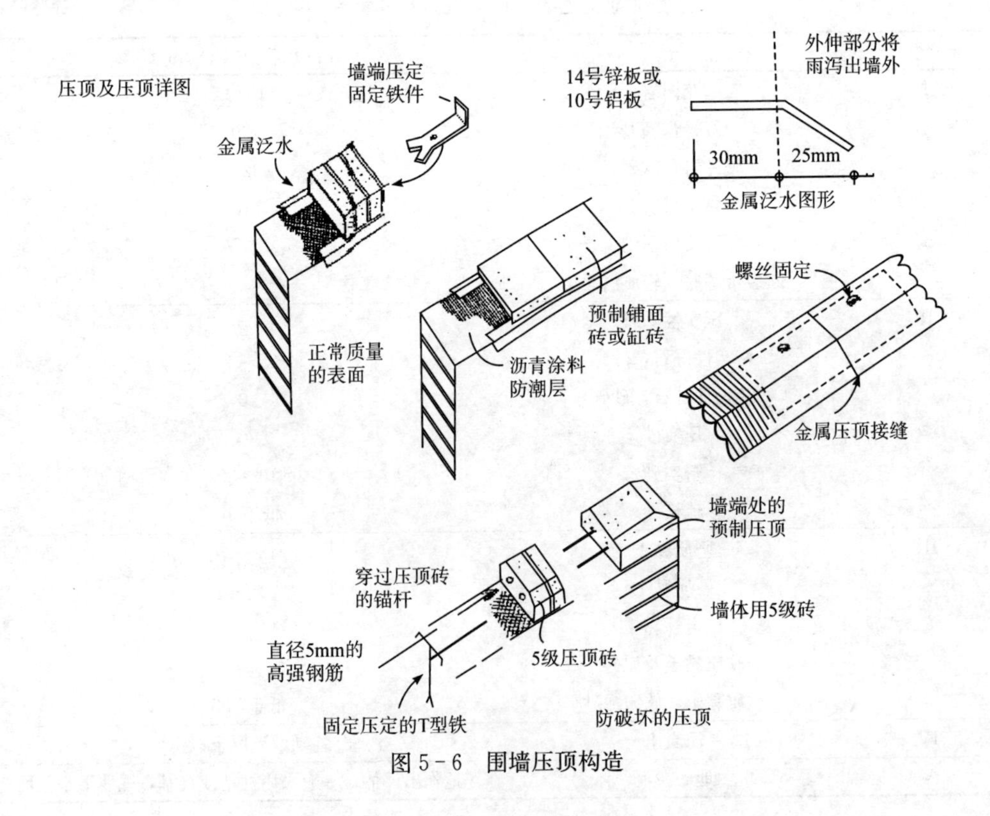

图5-6　围墙压顶构造

潮层，以防止下面的墙体被雨雪湿透，如能将防潮层稍微外伸，效果更好。最好的办法是插入一块铝或锌的泛水板，将水泻离墙面，如图 5－6、图 5－7 所示。采用不外伸的预制混凝土板或石瓦作墙帽，可避免压顶损坏。

图 5－7　围墙压顶实例

2. 伸缩缝

图 5－8、图 5－9 表示各种构造做法。

1）温度位移

这是一种可逆的位移，但会影响着室外结构物的安全，如铺面和墙体。完全朝南外露且为深黑色的材料因日晒会引起较大尺度的位移，一般的工程项目每隔 30m 长必须有 20mm 可伸缩的缝隙。在铺面和台阶中必须填充嵌缝料。

2）膨胀位移

水泥砂浆及陶瓷（例如陶土砖或饰面砖）之间由于相互的化学作用会引起变形位移。其位移程度与砖的硫酸盐含量及砂浆强度有关，设计应每隔 9m～11m 设一道允许墙体发生位移的缝隙，如 20mm 的开口缝或用柔性嵌缝材料填充缝。

3）收缩缝

采用预制混凝土砖或砌块或硅酸盐（砂和石灰）砖砌墙，在养护过程中都将承受变形应力。其受力情况随干湿循环而变化，但最后收缩量每 3m 长可达 3mm。一般在所砌筑的墙中每隔 3m、4m 或 5m 就安排一道直缝。

4）缝的设计

利用墙体搭接一段长度，或在扶壁端边设缝使之形成一个细部。这种“拉链”式的效

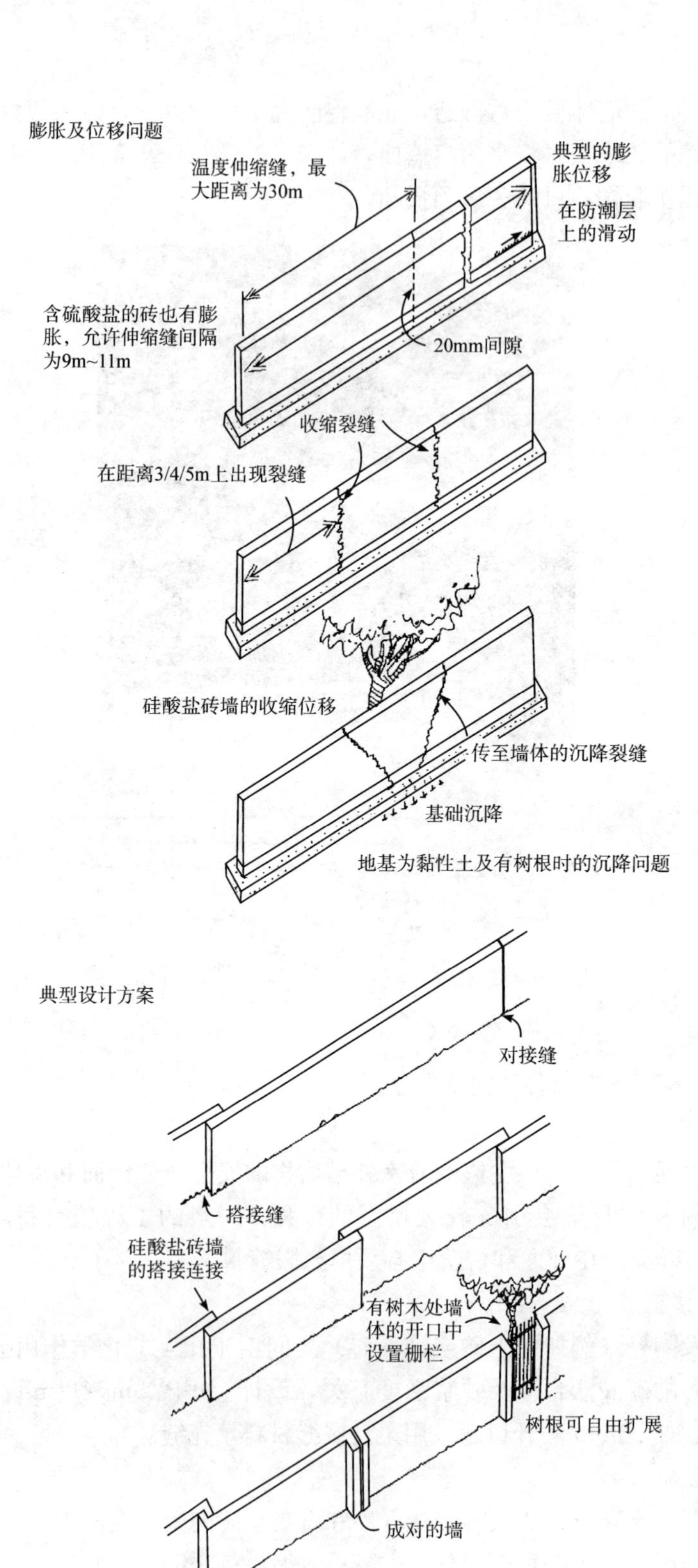

图 5－8　围墙伸缩缝处理方案

图 5－9　围墙伸缩缝图例

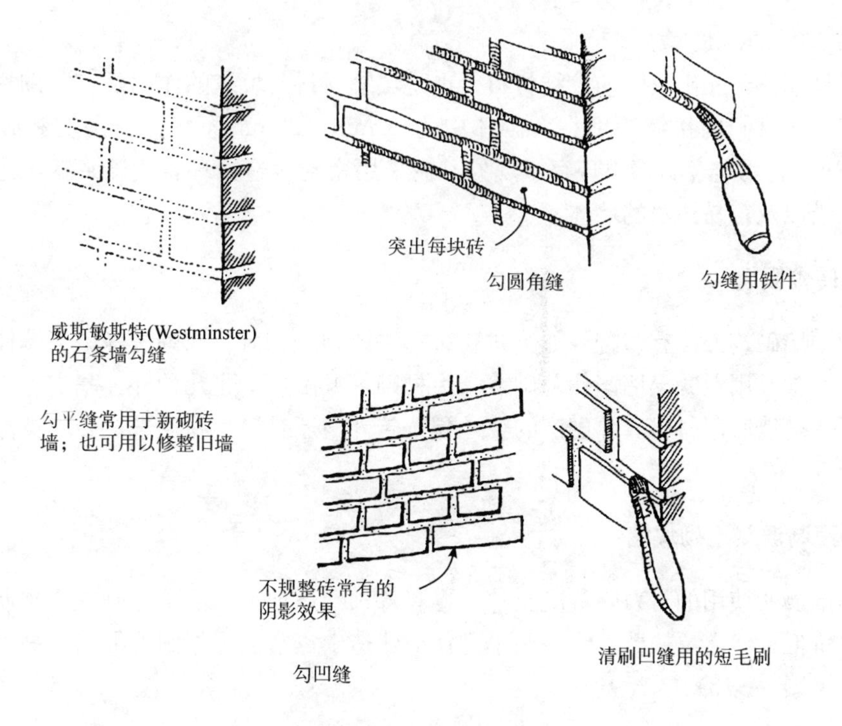

图 5－10　勾缝示意图

果是将缝隙留在砌体范围内而不破坏它的砌合。

5）混凝土墙的接缝应按以下间隔标准设计：伸缩缝间隔为 20m 以内，防裂切缝间隔为 5m 以内。

3. 勾缝

砖墙和砌体的勾缝是对墙面暴露砂浆缝的最后修饰。最有效的勾缝是用铲或其他专用工具连续压实的缝，还要保证勾缝砂浆的黏稠度与砌体砂浆一致。颜色和纹路须与样板墙一致，样板要在施工过程中保留以备对照。典型的样板如图 5－10、图 5－11 所示。

图 5－11　围墙勾缝实例

砖墙的砂浆勾缝应设计为深缝。

4. 墙砌体的砂浆

砂浆是砌体单元砌块间的胶结材料，也是填缝材料。填缝的作用是克服砌块不规则表面的缝隙，块材间的接缝厚度在石砌体中为 12mm～25mm 不等，在砌块和砖砌体中为 8mm～12mm。为避免石墙出现存水现象，应采用密封构造处理替代砂浆缝，尤其是靠近瀑布等水景以及容易沾水的墙体。

二、砖砌围墙

砖砌围墙砌筑方法有多种，如英式砌法、法式砌法、荷兰式砌法等。当墙体设计高度较大时，通常是用混凝土墙当作基础墙。砖材砌筑方法除上述几种外，基本上与花砖墙的砌法相同。砖墙所用材料，除国产的普通黏土砖外，还有澳大利亚进口砖和英国进口古砖等（见图 5－12）。

三、预制混凝土砌块墙

此类围墙所使用的材料除混凝土外，还有各种经过加工的混凝土砌块。预制混凝土砌块围墙造价低，但需要扶壁。在一些小型住宅建造中也常被用作刷毛围墙和贴面围墙的基部墙体（见图 5－13）。

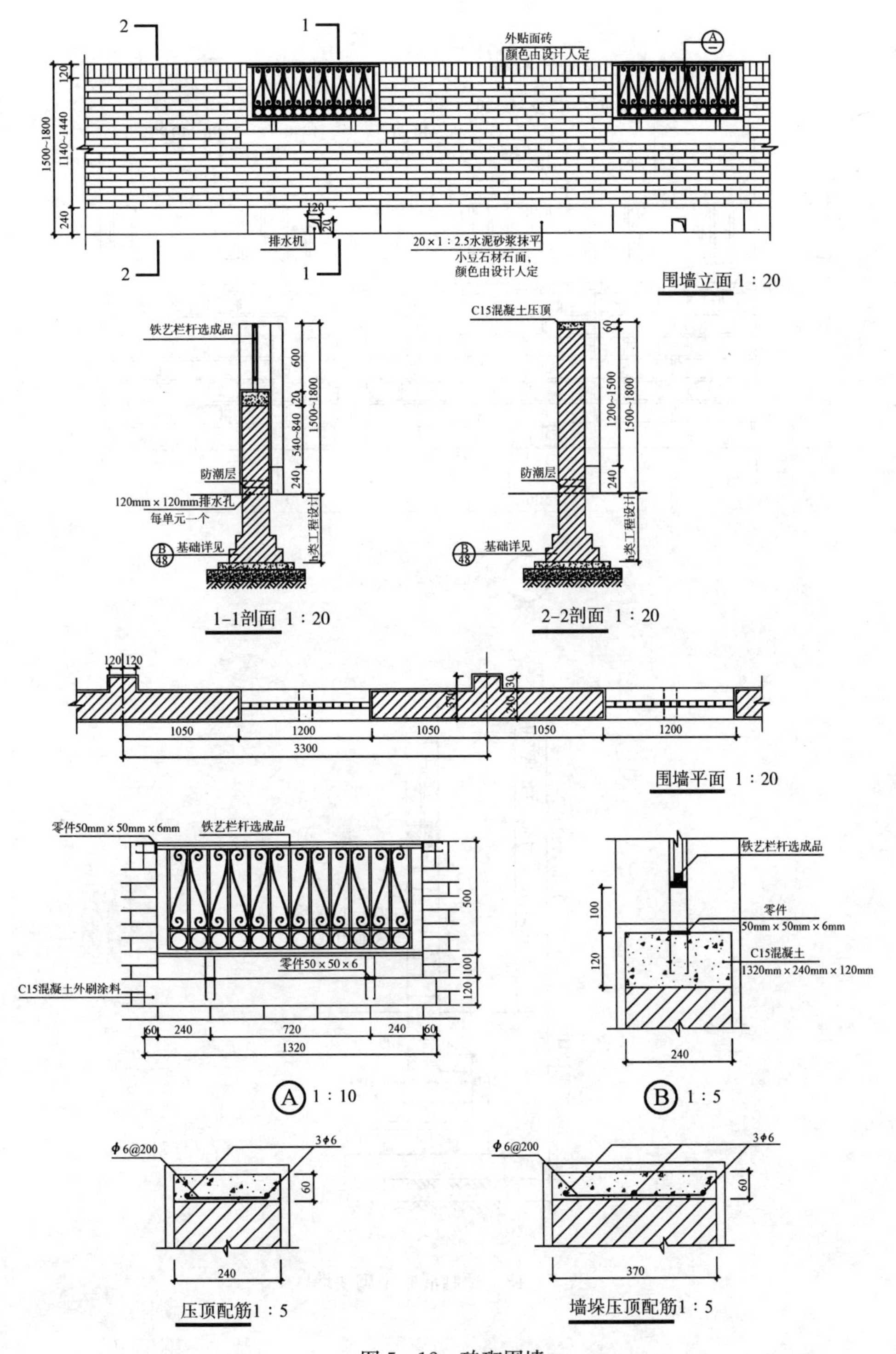
外贴面砖
颜色由设计人定
排水机
20×1：2.5水泥砂浆抹平
小豆石材石面，
颜色由设计人定
围墙立面 1：20
铁艺栏杆选成品
防潮层
120mm×120mm排水孔
每单元一个
基础详见
1-1剖面 1：20
C15混凝土压顶
2-2剖面 1：20
围墙平面 1：20
零件50mm×50mm×6mm
铁艺栏杆选成品
零件50×50×6
C15混凝土外刷涂料
零件
50mm×50mm×6mm
C15混凝土
1320mm×240mm×120mm
压顶配筋1：5
墙垛压顶配筋1：5

图 5-12　砖砌围墙

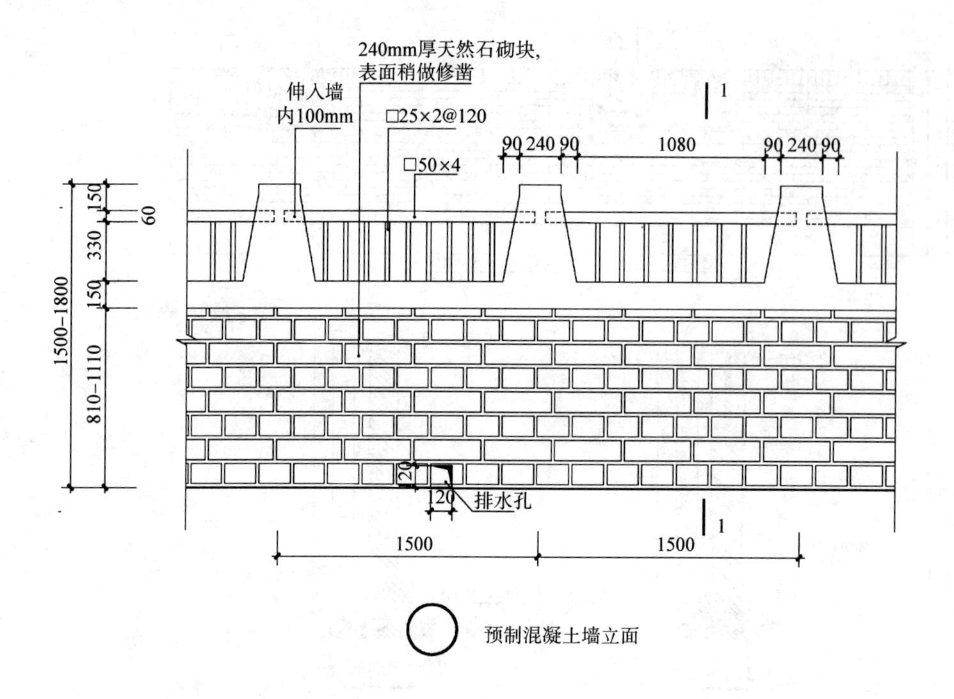

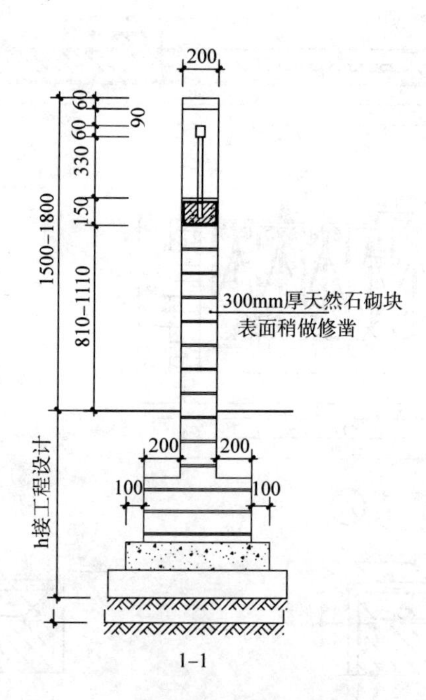

图 5 - 13　预制混凝土砌块墙

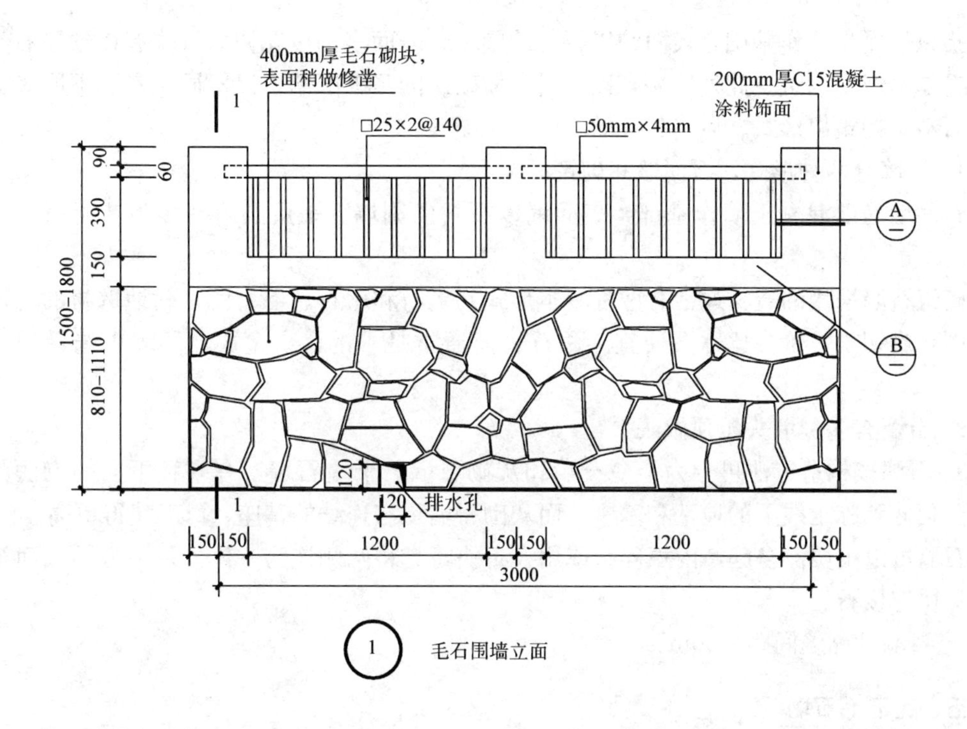
400mm厚毛石砌块，
表面稍做修凿
□25×2@140
□50mm×4mm
200mm厚C15混凝土
涂料饰面
1500-1800
810-1110
排水孔
150
1200
3000
毛石围墙立面

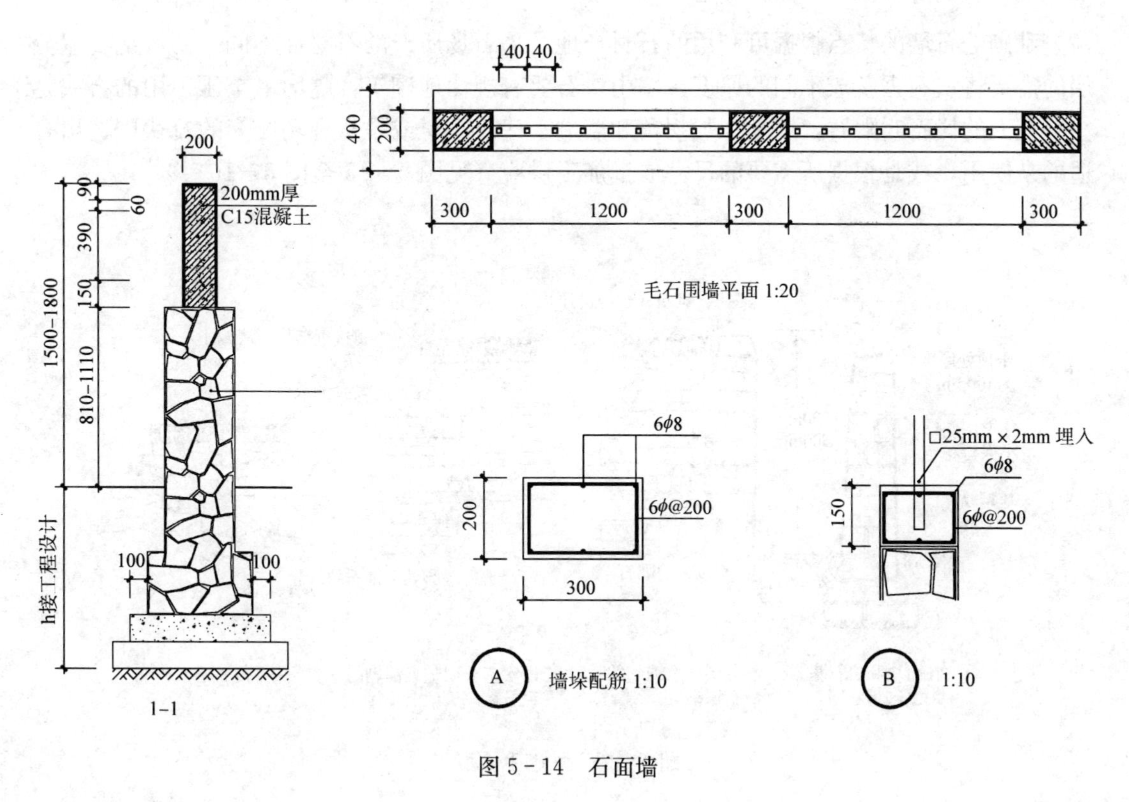
200mm厚
C15混凝土
h接工程设计
1-1
毛石围墙平面 1:20
□25mm×2mm 埋入
6φ8
6φ@200
墙垛配筋 1:10
1:10

图 5-14　石面墙

四、石面墙

指以混凝土墙作基础，表面铺以石料的围墙。表面多饰以花岗岩，也有以铁平石、秩父青石作不规则砌筑。此外，还有以石料窄面砌筑的竖砌围墙，以不同色彩、不同表面处理的石料，构筑出形式、风格各异的围墙（见图 5－14）。

1. 石墙分两种形式，石面墙和砌筑石墙。

石面墙是以混凝土墙作基部，表面铺以石料的围墙。采用的石料多为花岗石、大理石等。

砌筑石墙采用的石材通常有两种基本形式：毛石和琢石。毛石就是就地取材的，形状不规则且难切割，价格比琢石便宜。琢石表面通常是平的，易垒放，但大小选择的范围有限。

2. 石墙有多种墙头压顶做法。

3. 石墙按构造方法可分为干垒石墙和灰砌石墙。干垒石墙，有多种不同的砌法，且不需要延伸到冻土线下的地基和基座。而灰砌石墙要有连续的基座，可以建得更高。

石墙可以由两侧垒起，内填碎石或用大石块跨越将两侧连为一体。每平方的墙面至少放置一块连接石。

4. 石墙伸缩缝间距≤50m。

五、乱砌毛石墙

乱砌毛石墙的特点根据可利用的石材产地及采石场所产的石材而不同。要按毛石墙分层的需要将块石锯解成不同的厚度，墙中块石要有规律地砌筑，越向上至压顶用的石块越小。较大的块石叫隅石，用来加强拐角和墙端。建筑石材或是从现场废弃的石块中选出合适的来使用，或是根据所需要的尺寸成批加工供应（见图 5－15 至图 5－16）。

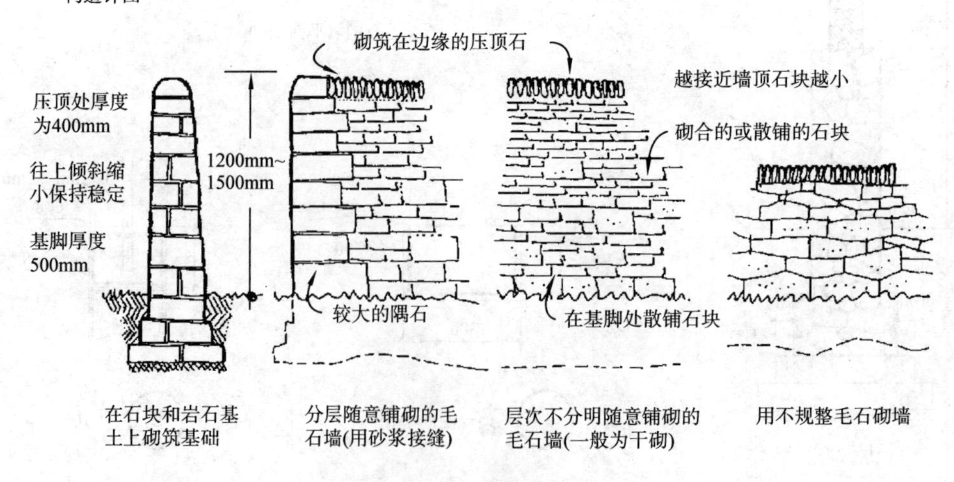

图 5－15　乱砌毛石墙

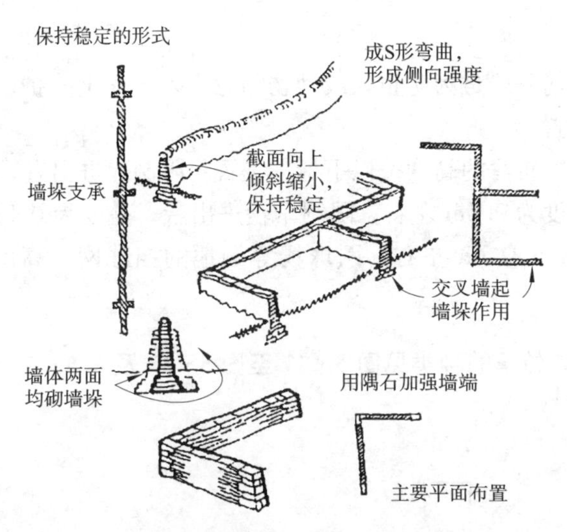
保持稳定的形式
成S形弯曲，
形成侧向强度
截面向上
倾斜缩小，
保持稳定
墙垛支承
交叉墙起
墙垛作用
墙体两面
均砌墙垛
用隅石加强墙端
主要平面布置
在拐角处用隅石砌筑
的L形墙体

图 5-16 乱砌毛石墙

第二节　围　　栏

一、用途及高度

围栏、栅栏、竹篱一般是为防止人或动物随意出入、安全防护、标明分界、以及防止球类飞出等目的而设置。

通常围栏、栅栏、竹篱的高度按以下标准设置：限制人进出者，高度为1.8m～2m以上；隔离植物者，高度为0.4m左右；限制车辆进出者，高度为0.5m～0.7m左右；标明分界者，高度在1.2m～1.5m左右。网球场等场地的挡球网，高度一般设计在3.0m～4.0m之间。

二、围栏、栅栏、竹篱的种类见图5－17至图5－19及表5－2

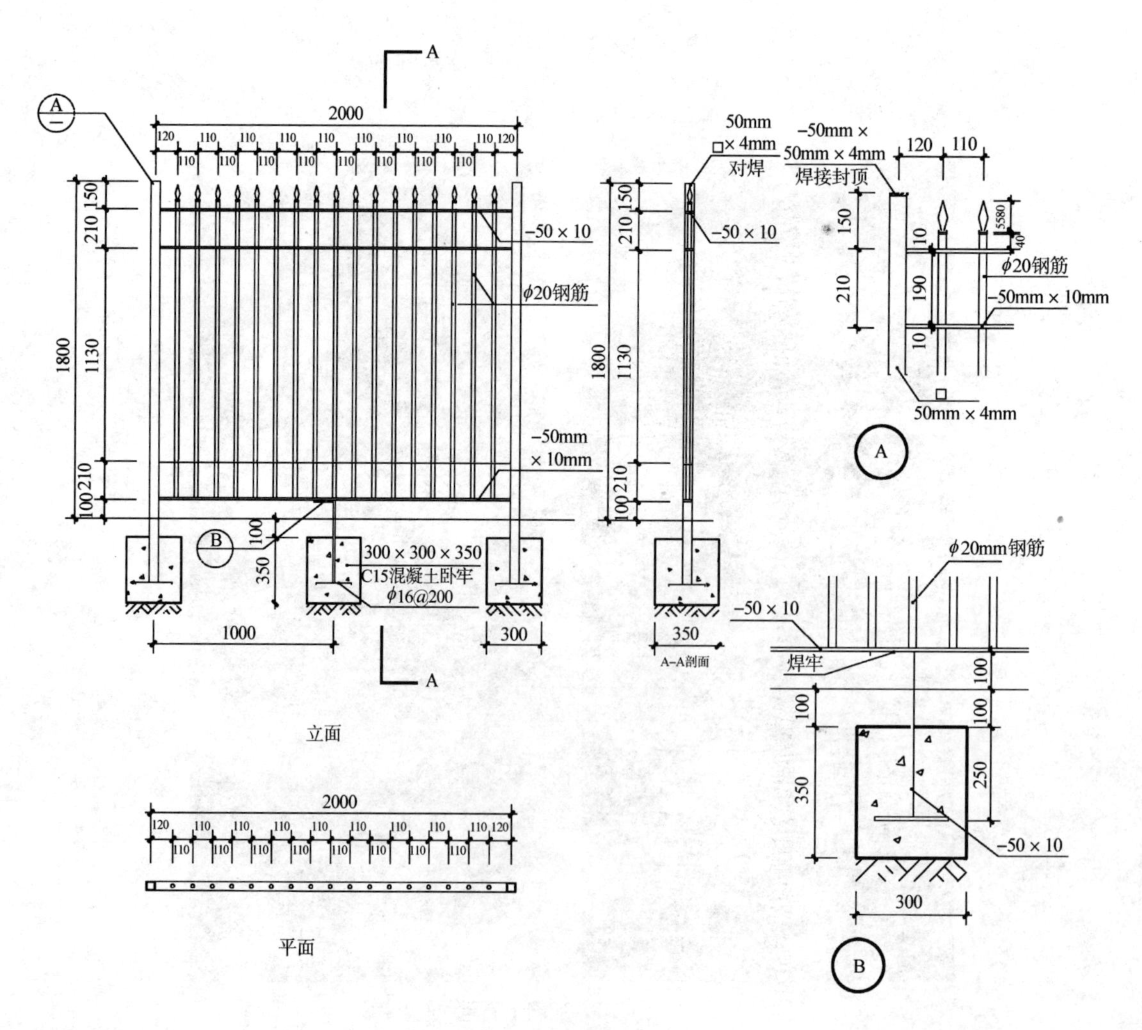

图5－17　金属围栏

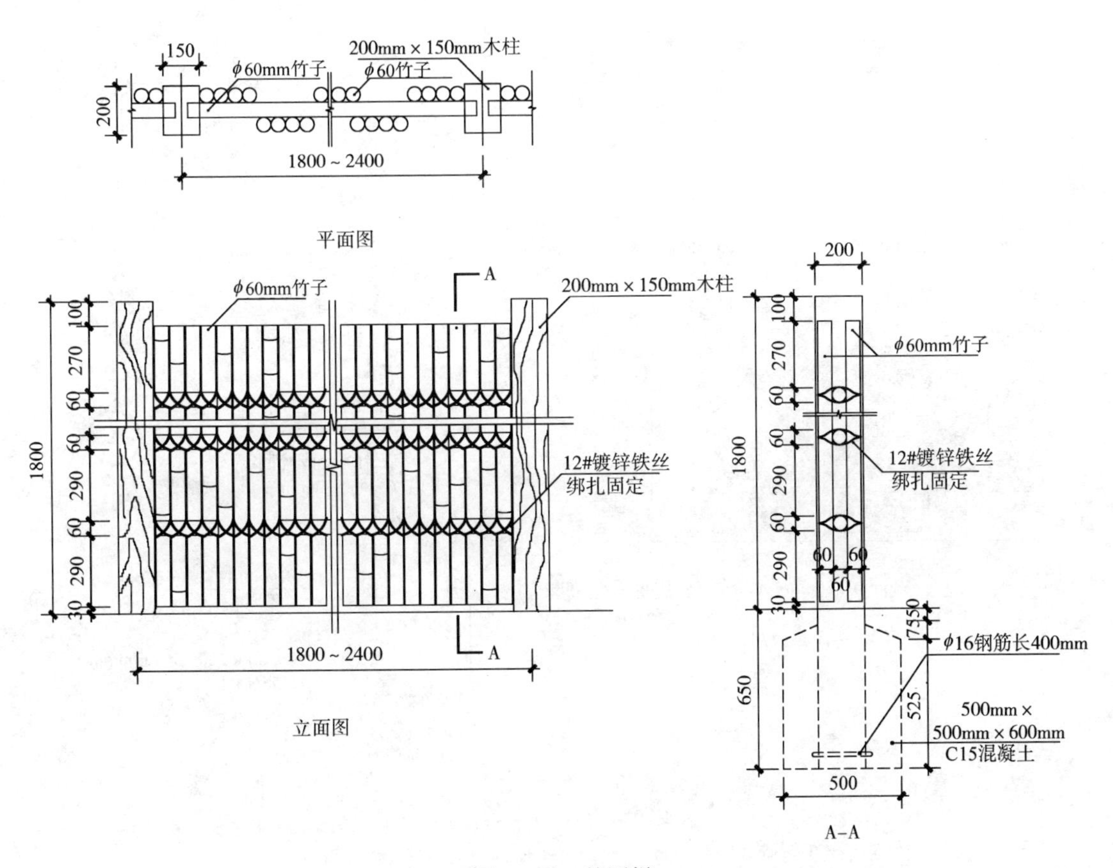

图 5-18 竹围栏

表 5-2

铁制	网状围栏 卷网式围栏 角铁围栏 铁管围栏 铸铁围栏 FB（扁钢）围栏 铁丝网围栏 护轨式围栏 波纹铁丝围栏	不锈钢制	不锈钢围栏
		混凝土制	混凝土围栏 仿木混凝土围栏
		木制	木栅栏 绳栏
铝制	铝制围栏 铝合金围栏 铝管围栏 铝制护轨围栏	竹制	竹篱

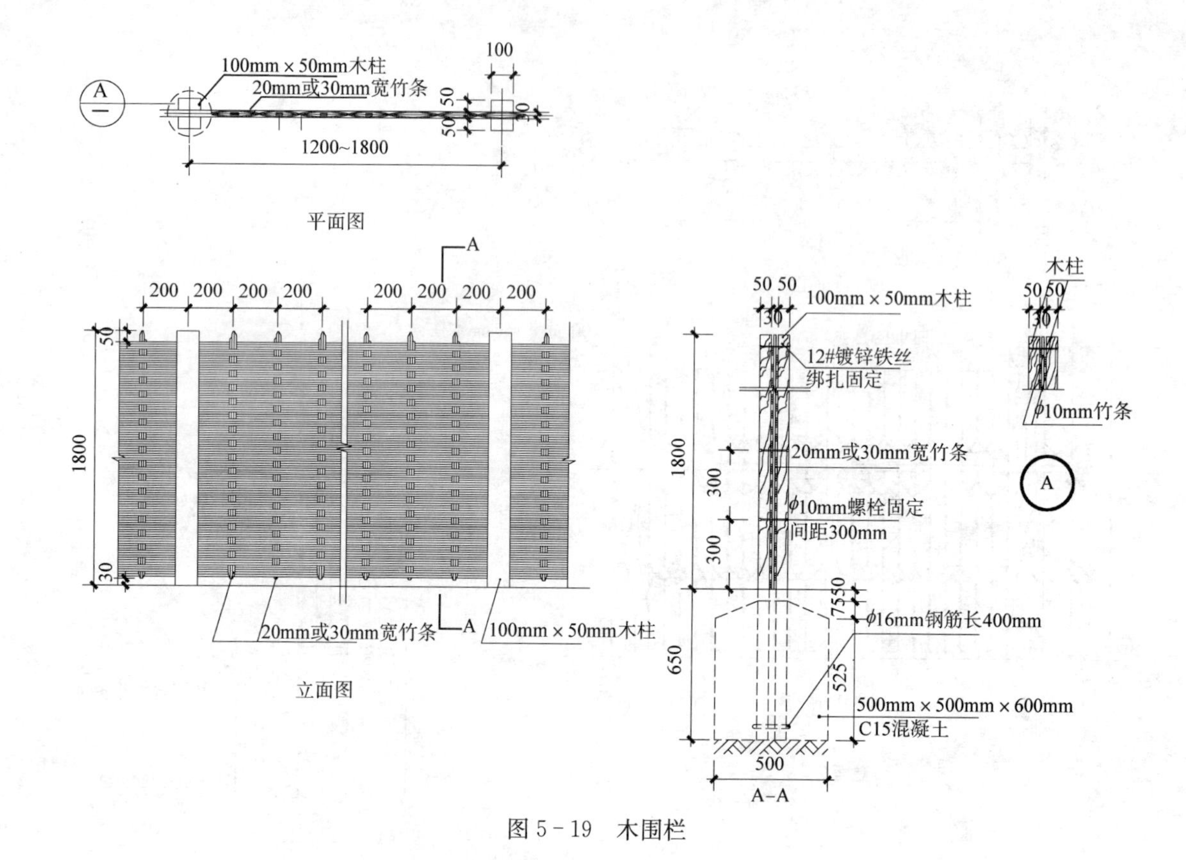

图 5－19　木围栏

三、围栏、栅栏、竹篱设计要点

防护围栏的设计要考虑安全防护的需要。一般安全防护的最低水平是规定防护围栏要有使人无法攀登的高度和使人难以穿越的钢丝网。这种防护围栏也可作为球类运动时的防护栅栏，或在一些游戏场、教育设施停止活动时用作防止外人进入的安全措施。安全度更高的围栏则用于监狱、精神病康复医院以及有关军事设施中。

1. 应防止围栏、栅栏、竹篱的基础与构筑物超越建筑红线。

2. 修筑基础、构筑物以及选择建材和作装饰处理时，应考虑围栏等的强度，以及防倾倒、维护、施工难度等方面的问题。

3. 设置木栅、花格篱（采用细木条构筑的围栏）应使用具有耐久性和经过防腐处理的木材。

4. 在沿海潮湿的地方，从耐久性考虑应选用镀铝丝网围栏、镍铝合金丝围栏等高抗拉镀铝钢筋制成的围栏。

5. 多雪地区应采用防雪结构围栏。

6. 网球场、棒球场设置围栏须考虑网眼尺寸，避免飞球穿网而过。

7. 在沿路设置围栏时，为确保道路两侧的环境美观，应在围栏前设置绿化。

8. 为了方便维护管理，竹篱一般采用塑料仿竹制品构筑。

四、栏杆的栅栏

这里指的是图 5－20 的细部做法及其应用实例。栏架的直立支柱有 2m 高，底部埋到地面以下，并用一对螺栓将相邻两片栏架相互固定，这样做可以保证栅栏的侧向稳定。栅栏还可以只有 600mm 高，就成为跨栏，在公共场所中它是用来保护种植物的。如果这种栅栏的竖杆是插入地下而不是埋在混凝土垫座里的话，它是能随时移动位置的。在公众有可能被绊倒的地方，或者在运动场地附近，采用顶部有 U 字形弯头的栅栏是比较安全的。幼儿活动场所用栅栏的高度通常为 900mm～1200mm，竖杆的间距应该限制在不小于 100mm 直径的范围内，以防止孩童的头被夹在竖杆中间。除各种基本形式的栅栏外，还有端头弯成圆角的直立支柱，以及各种可以做成斜栅栏的夹具，以适应斜坡地的要求。从外观上看，人们愿意在斜坡地上采用台阶形的栅栏而不是斜栅栏。如果为栅栏增加稳固性，可增设一些支撑物，或者在栅栏的构架中间每隔 4m 或 6m 增设一些管状支柱（见

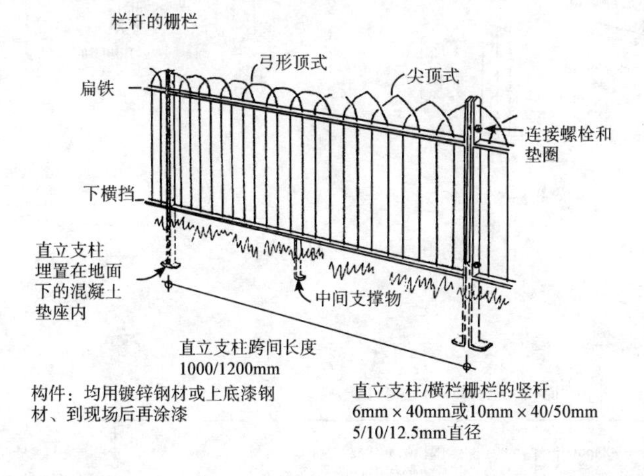

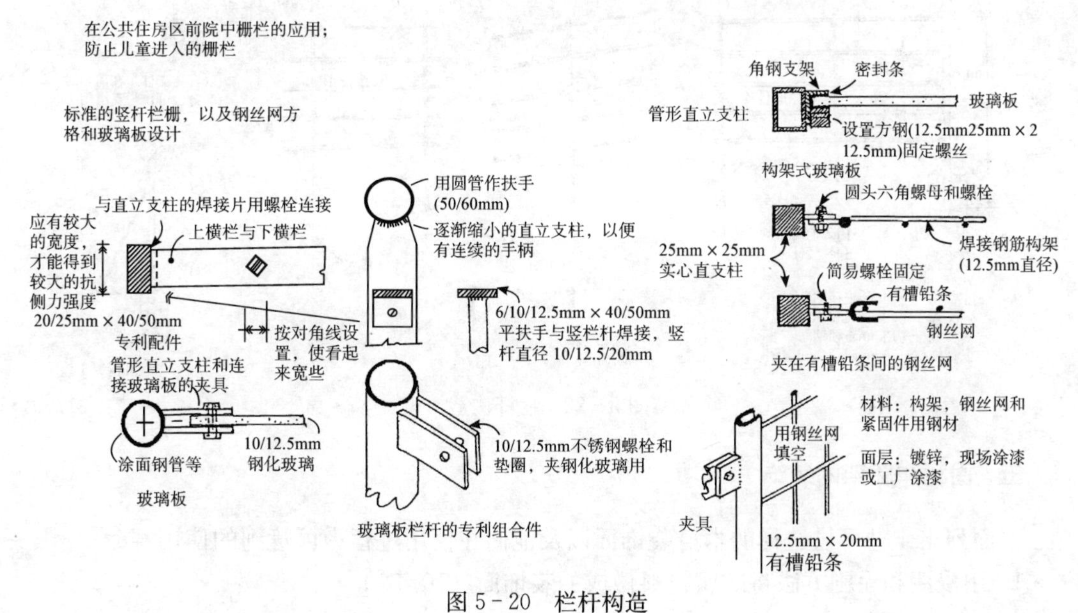

图 5－20　栏杆构造

图 5-21、图 5-22)。

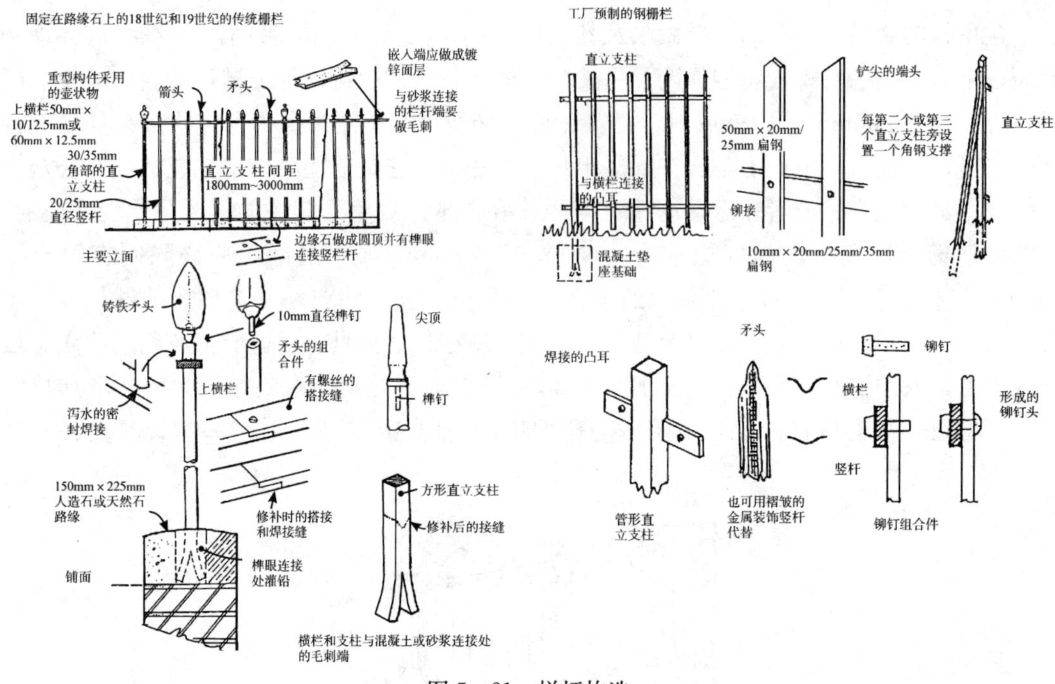

图 5-21　栏杆构造

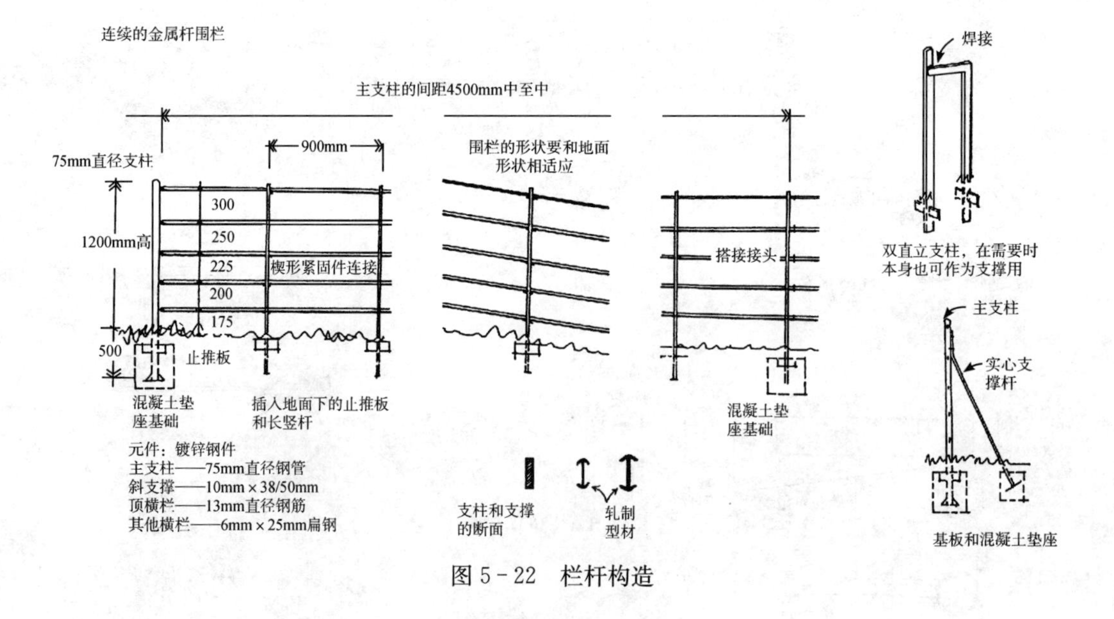

图 5-22　栏杆构造

五、围栏和藤架的装饰

下面列出 4 种可供选择的木材装饰面以及他们在使用过程中可达到的使用寿命；

1. 用浸渍和涂刷方法将防腐材料做成的装饰面（10 年）；

2. 用涂刷或滚轮方法进行喷涂处理做成的装饰面（5～6 年，在有防护环境中可延长至 10 年）；

3. 用涂刷或喷射面层的方法进行防腐性着色（3～10 年）；

4. 用涂刷清漆方法做成装饰面（2～3 年）。

六、室外金属制品的装饰面

大尺度的金属制品如钢管、横栏杆、轨条等则往往用的是油漆。金属制品用油基料的生产工艺与木制品所用的工艺相似，但要加一道防锈底漆，可用醋酸（称酸洗溶剂）将镀锌面层中的杂质和油脂去掉，随后，还要用高铅酸钙打底。

另一些金属如铝、青铜或不锈钢则不需要喷漆，但是如果暴露在海边，盐分和海水会使它严重受蚀，在这种情况下就需要采用商品铝和纯铅的阳极镀锌做装饰面。应该说，在园林建设中，除了标准化的栏杆、护栏和一些标志物以外，用有色金属和不锈钢的场合是极少的。

第三节　挡　土　墙

一、挡土墙概念范围的界定

挡土墙是用来支挡土壤或挖掘后暴露的地基土的构筑物。

二、挡土墙的规则

挡土墙结构的几何尺寸需根据倾覆推力应作用于基础面积中间 1/3 段内的分析来决定。推力作用于基底尺寸 1/3 以外时，墙即开始倾倒。设计原理包括求作用于支挡结构重心的合力图的计算。墙体的重力是显而易见的。所支挡的土或地基土重力所产生的水平作用，根据休止角以上土体产生的水平推力求得。计算支挡墙体时常用的比例根据（见图5－23）。

三、挡土墙的结构形式

挡土墙的形式根据建设用地的实际情况经结构设计确定。

1. 从结构形式分有：

1）重力式；

2）半重力式；

3）悬臂式；

4）扶臂式。

2. 从形态上分有：

1）直墙式；

2）坡面式。

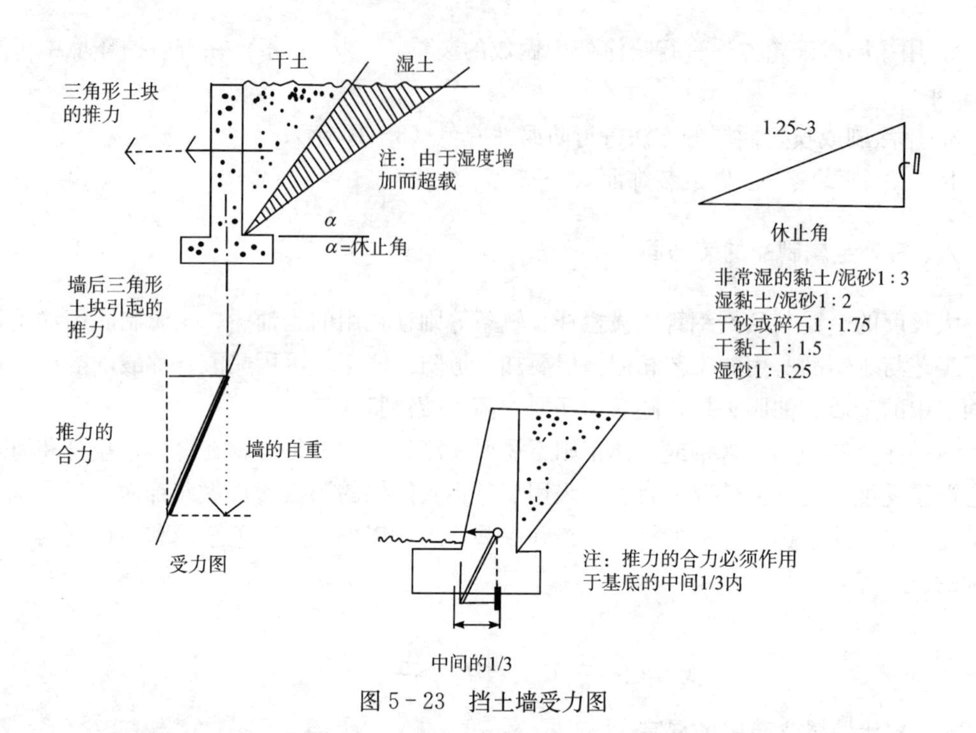

图 5－23　挡土墙受力图

四、挡土墙类型和技术要求及适用场地（见表 5－3）

挡土墙类型和技术要求及适用场地　　表 5－3

挡土墙类型	技术要求及适用场地
干砌石墙	墙高不超过 3m，墙体顶部宽宜在 450mm～600mm，适用于就地取材
预制砌块墙	墙高不应超过 6m，这种模块形式还适用于弧形或曲线形走向的挡墙
土方锚固式挡墙	用金属片或聚合物片将松散回填方锚固在连锁的预制混凝土面板上，适用于挡墙面积较大时或需要进行填方处
仓式挡土墙/格间挡土墙	由钢筋混凝土连锁砌块和粒状填方构成，模块面层可有多种选择，如平滑面层、骨料外露面层、锤凿混凝土面层和条纹面层等。这种挡墙适用于使用特定挖掘设备的大型项目以及空间有限的填方边缘
混凝土垛式挡土墙	用混凝土砌垛砌成挡墙，然后立即进行土方回填。垛式支架与填方部分的高差不应大于 900mm，以保证挡墙的稳固
木制垛式挡土墙	用于需要表现木质材料的景观设计。这种挡土墙不宜用于潮湿或寒冷地区
绿色挡土墙	结合挡土墙种植草坪植被。砌体倾斜度宜在 25°～70°。适用于雨量充足的地区和有喷灌设备的场地

五、挡土墙的材料质感

挡土墙的外观质感取决于用材，其直接影响到挡土墙的景观效果。

挡土墙材料一般用自然山石，通常因地制宜，就地取材以节省费用。自然石材和贴面的质地、色彩，组合构成了挡土墙的细部美感。石材和贴面材料的选择，取决于挡土墙所在的空间的整体景观，设计原则是协调统一。人为景观为主的环境，往往用贴面，如广场空间，自然景观为主的环境，往往不用贴面砖，如在自然风景区。

1. 不用贴面挡土墙常用自然石材，包括块石、片石、条石、砌筑后勾缝，不修凿。由此可形成凸凹不同的纹路、形状，不同色彩的石材也可加以组合形成不同的图案。这种挡土墙的美感，粗犷夺人，野趣变化无穷。(见图 5-24)。也可用混凝土预制块组合拼接花墙（见图 5-25)。在挡土墙侧向压力较大时，也可设计为钢筋混凝土，表面用竹丝划块，水泥拉毛，用干粘石、留木纹、彩粉等处理手法，具有良好的景观效果。在挡土墙侧向压力较小时也可用木材，由于质感的特性可给人以较强的亲和力，与周围的自然环境构成和谐的氛围（见图 5-26)。

图 5-24　挡土墙典型样式图例 1

图 5-25　挡土墙典型样式图例 2

2. 如前所述，在人工景观为主的环境，往往用贴面，以使空间的整体景观协调统一。贴面可用瓷花砖、板材等。现市场上这种贴面材料种类多，可以组成丰富的图案及光影、质地的界面，要因地选择（见图 5-27)。也可用混凝土贴面，在表面竹丝划块，水泥拉毛，用干粘石、留木纹、彩粉等处理手法。也可用自然碎石片，卵石贴面形成图案（见图 5-28)。

图 5-26　挡土墙典型样式图例 3

图 5-27　挡土墙典型样式图例 4

图 5-28　挡土墙典型样式图例 5

第六章　边 缘 构 造

第一节　房屋近处的边缘处理

房屋近处边缘处理所用材料的类别要按照预算以及工程要求中规定的即将结束时所能采用的劳动方式来确定。比较简单的办法是用砖砌面层（将砖块平伏在地面上）或砖铺面（见图 6－1）这是由于它们与房屋的风格样式相协调，而且比预制混凝土铺面板更适宜铺成水平面和做成曲线形状（图 6－2）。

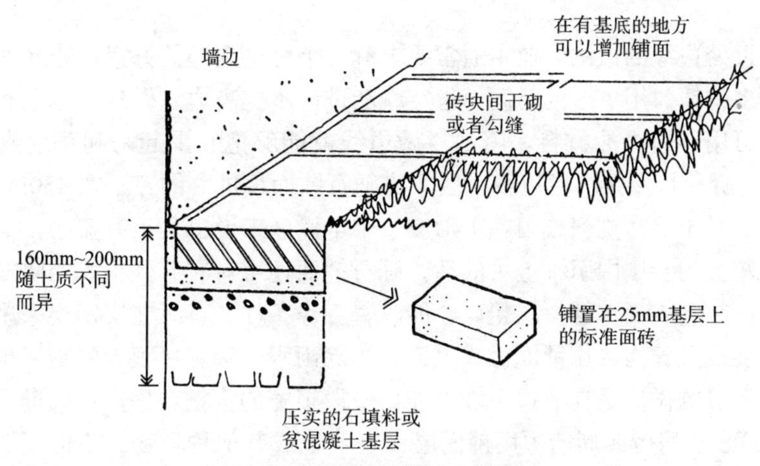

图 6－1　铺砖的草地边缘做法

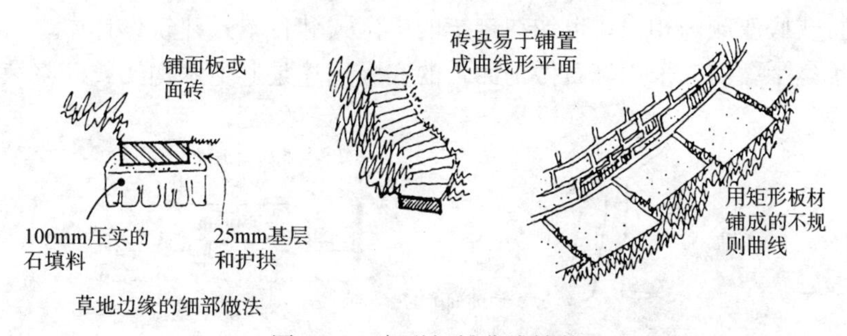

图 6－2　方形板材曲线铺装

现在流行用填沟（trench fill）做墙基础，同时形成一个边缘，这意味着基础的混凝土表面在地面以下 150mm 处，因而不大可能发生沉陷。这种做法既可以用现浇混凝土，也可以用长条预制凝土块，它们都能保证成为一个稳定而坚固的边缘基座（图 6－3）。

在房屋近处边缘一侧堆填草皮或其他植物时，要注意如果要在新的建筑场地上布置园林景观，那么所培的土要高出边缘面层 50mm～75mm，所铺的草皮要高出边缘面层 20mm～

25mm。因为铺高了，用夯实的办法将地面降低是容易做到的；但若铺得过低，纠正过来就要花很多钱。

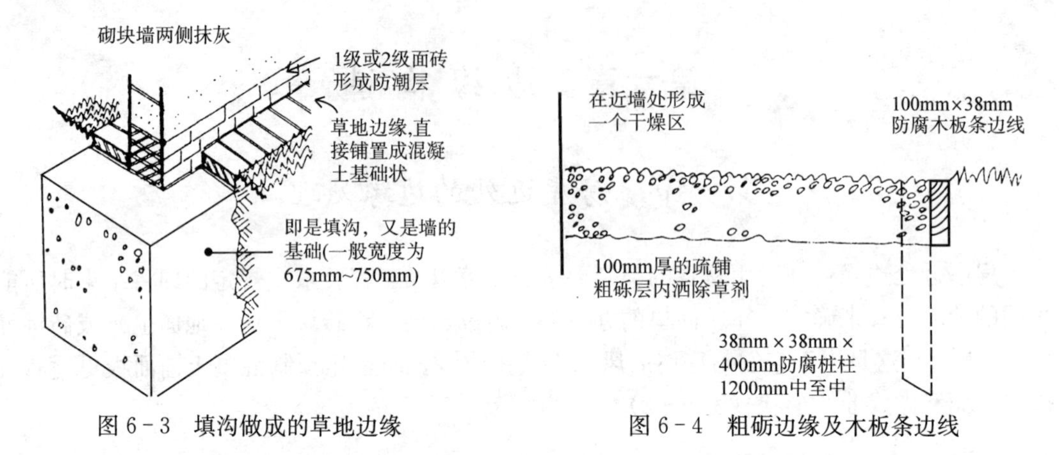

图 6-3　填沟做成的草地边缘　　图 6-4　粗砺边缘及木板条边线

对于房屋近处边缘的做法，业主通常要求有几个可供选择的方案；若允许设计师在园林工程中花更多的钱、用更多的时间，肯定就能进一步提高边缘做法的标准和质量。粗砾是一种便宜的可用作边缘的材料，用木栏做边线就能够把它围起来和草地或种植物相连接，（图 6-4）所示是在做木栏边线以后才将砾石铺面填进去的一条宽 450mm 的边缘区。粗砾和卵石铺面对于要在挑檐或雨篷下形成一个干燥区来说也是很有益的，如果房屋墙上的常春藤是从较湿的土壤中引种上去的话，砾石铺面还可对它起到很好的陪衬作用。在潮湿的地方，可以在它表面上铺一层粗砾，能改善工作条件。有时在决定要采用地面排水沟时，在屋檐下要设置盲沟或用铺面做成渠道来排除雨水。降雪量很大的地区也不普遍应用排水沟，那里一般的做法是在墙边下坡处伸出一段很宽的沟槽，槽内填以卵石，用以疏散水流（图 6-5）。在房屋四周墙边用铺面层代表草地或其他种植物，不但能够给予植被一个经过修饰的边缘，而且还可以为墙体附加尺度、为房屋增添周长，具有一种拓展的效应，这与赖特式底座颇为相似；也像在传统的中国式和日本式建筑设计中，从房屋到室外地面的过渡也是平缓的。采用砾石做铺面带的实际用途是避免木构架或砂浆填充物遭到溅

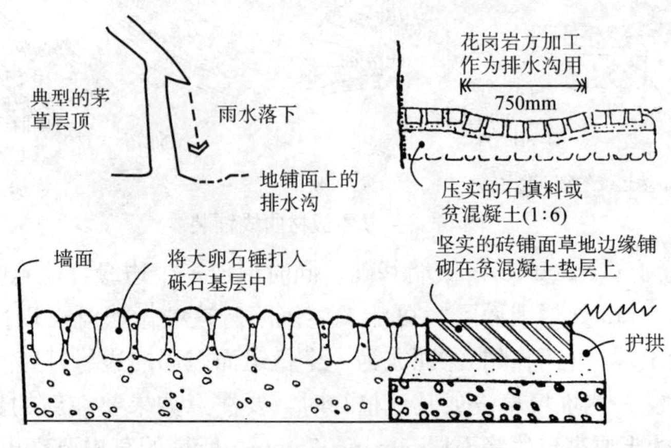

图 6-5　排水用大卵石边缘区

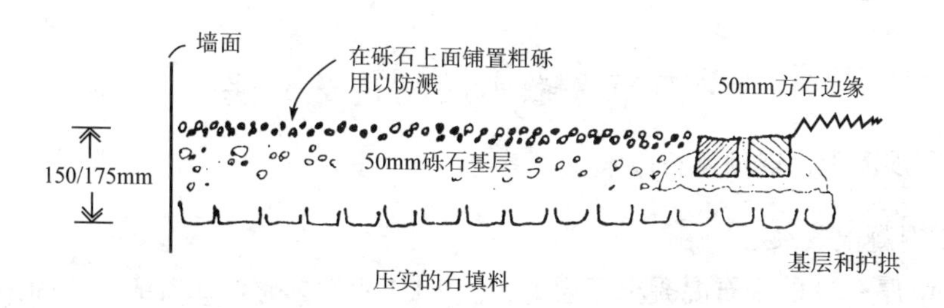

图 6-6　方石边线的粗砺边缘区间图

水和玷污斑，此外还可使园林工人进入种植区时不必穿越草丛。但是，砾石或卵石是很容易被植物的根贯入，因而草坪或灌木与砾卵石交接的边缘需要设置方石铺面带（如图6-6），至少也要用木板条将它们分隔开。

施工过程中应该在园林工人进入植被地的入口处有一个密实的地面，上面铺设一连串的铺面板或圆木板，使它与旁边的种植区分开来，为种植物的维护提供一条通道（图6-7、图6-8）。

图 6-7　铺设圆木块与地面其他覆盖物形成区别

图 6-8　石板小道

第二节　散水的构造及做法

一、细石混凝土，嵌砌卵石散水

1. 细石混凝土散水

在 50mm 厚 C20 的细石混凝土面层上，撒 1∶1 水泥砂浆压实赶光，中间用 150mm 厚卵石灌 M2.5 混合砂浆宽出面层 60mm 或 150mm 厚 3∶7 灰土宽出面层 60mm，底部素土夯实，向外坡 3%～5%（图 6-9）。

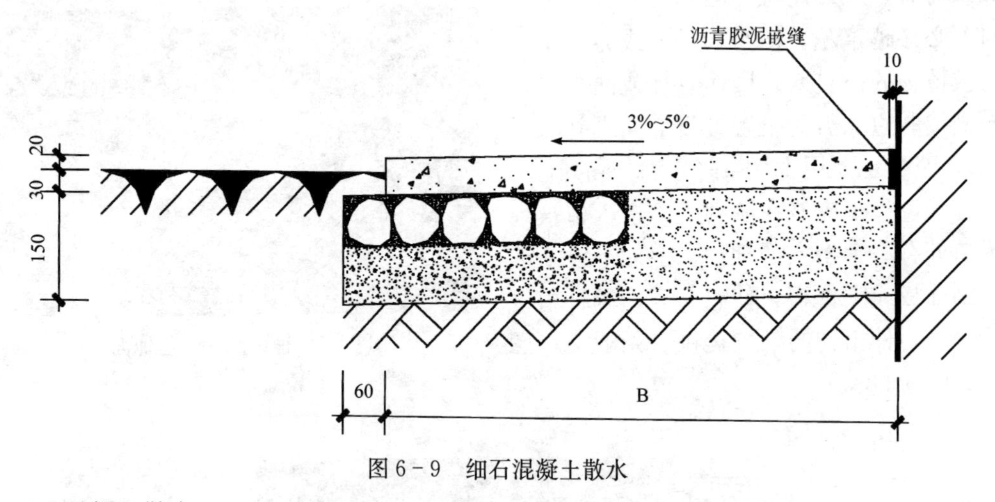

图 6-9　细石混凝土散水

2. 混凝土散水

在 60mm 厚 C20 混凝土面层上，撒 1∶1 水泥砂浆压实赶光，中间用 150mm 厚 5－32 卵石灌 M2.5 混合砂浆宽出面层 60mm 或采用 150mm 厚 3∶7 灰土宽出面层 60mm，底部是素土夯实，向外坡 3%～5%（图 6-10）。

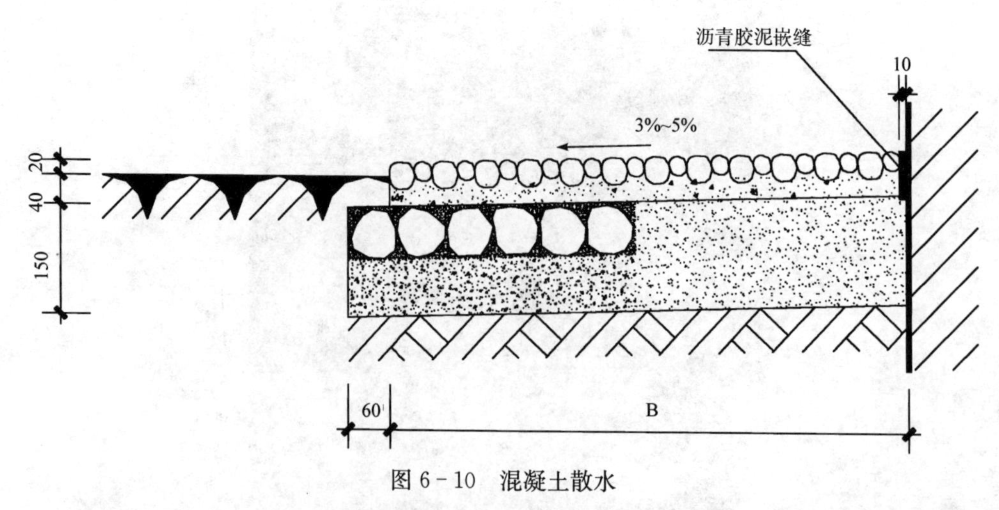

图 6-10　混凝土散水

3. 嵌砌卵石散水

在 60mm 厚 C20 细石混凝土面层上嵌砌卵石，中间用 150mm 厚 5mm～32mm 卵石灌

M2.5 混合砂浆宽出面层 60mm 或采用 150mm 厚 3∶7 灰土宽出面层 60mm，底部素土夯实，向外坡 3%～5%（图 6-11）。

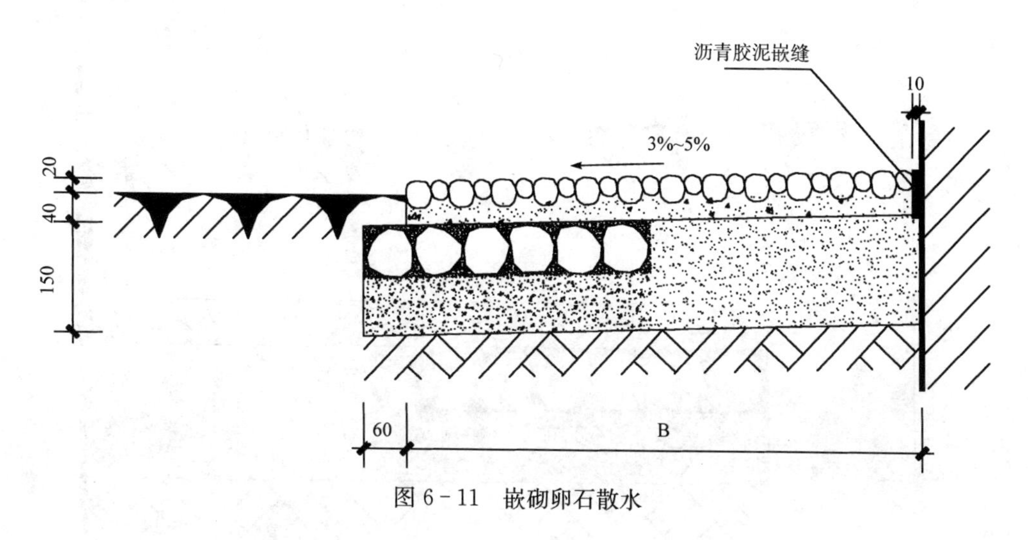

图 6-11　嵌砌卵石散水

二、水泥砂浆，种植散水

1. 水泥砂浆面层散水

最上层用 20mm 厚 1∶2.5 水泥砂浆面层压实赶光，下面抹水泥砂浆一道，用 60mm 厚 C15 混凝土铺垫，下层是 150mm 厚 5—32 卵石灌 M2.5 混合砂浆宽出面层 60mm 或采用 150mm 厚 3∶7 灰土宽出面层 60mm，底部是素土夯实，向外坡 3～5%（图 6-12）。

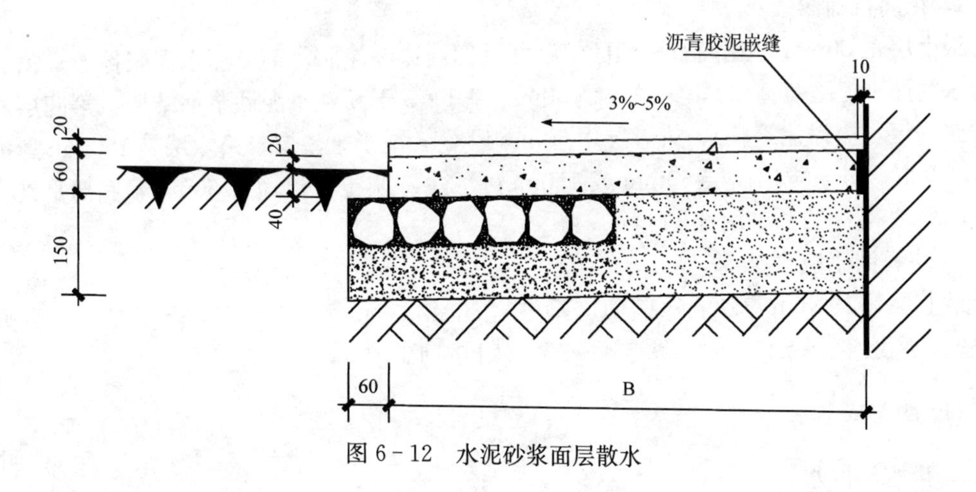

图 6-12　水泥砂浆面层散水

2. 种植散水

最上层是 200mm～300mm 厚回填土，其次是 50mm 厚 C20 细石混凝土面层上，撒 1∶1水泥砂子压实赶光，然后是 150mm 厚卵石灌 M2.5 混合砂浆或采用 150 厚 3∶7 灰土宽出面层 60mm，底部是素土夯实，向外坡 3%～5%（图 6-13）。

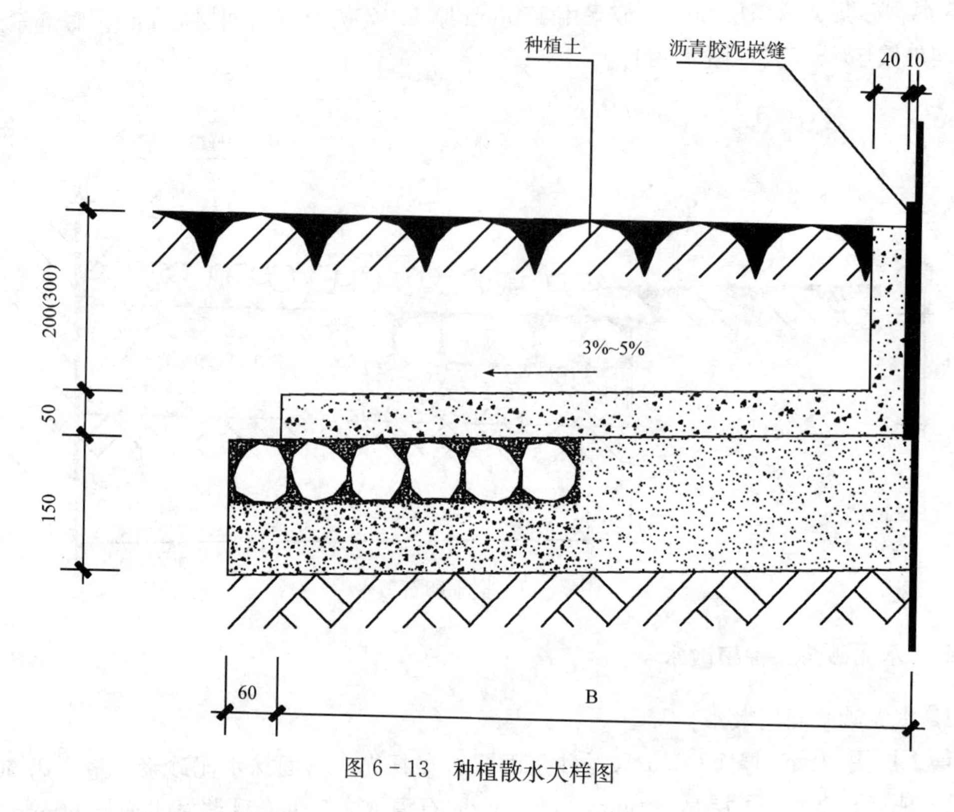

图 6-13　种植散水大样图

三、花岗石铺面，块石灌浆散水

1. 花岗石铺面散水

最上层是 20mm 厚花岗石板铺面，背面及四周边满涂防污剂，灌水泥浆擦缝，第二层撒素水泥面（撒适量清水），第三层是 30mm 厚 1∶3 干硬性水泥砂浆粘结层，第四层用素水泥浆一道（内掺建筑胶），第五层用 60mm 厚 C15 混凝土垫层，第六层是 150mm 厚卵石灌 M2.5 混合砂浆宽出面层 60mm 或 150mm 厚 3∶7 灰土宽出面层 60mm，底部是素土夯实，向外坡 3%～5%（图 6-14）。

2. 块石灌浆散水

最上层是 100mm 厚块石（表面应平整），1∶2.5 水泥砂浆灌缝，下层是 30mm 厚粗砂垫层，底层素土夯实，向外坡 3%～5%（图 6-15）。

四、明沟式散水

1. 排水沟散水

1）最上层用 60mm 厚 C20 混凝土整浇（表面应平整），下层是 30mm 厚粗砂垫层，底部是素土夯实，向外坡 3%～5%（图 6-16）。

2）最上层是 60mm 厚卵石灌 1∶3 水泥砂浆，下铺 60mm 厚 C15 混凝土，再下层是 30mm 厚粗砂垫层，底层素土夯实，向外坡 3%～5%（图 6-17）。

3）最上层是 60mm 厚卵石满铺，下铺 60mm 厚 C15 混凝土，再下层是 30mm 厚粗砂

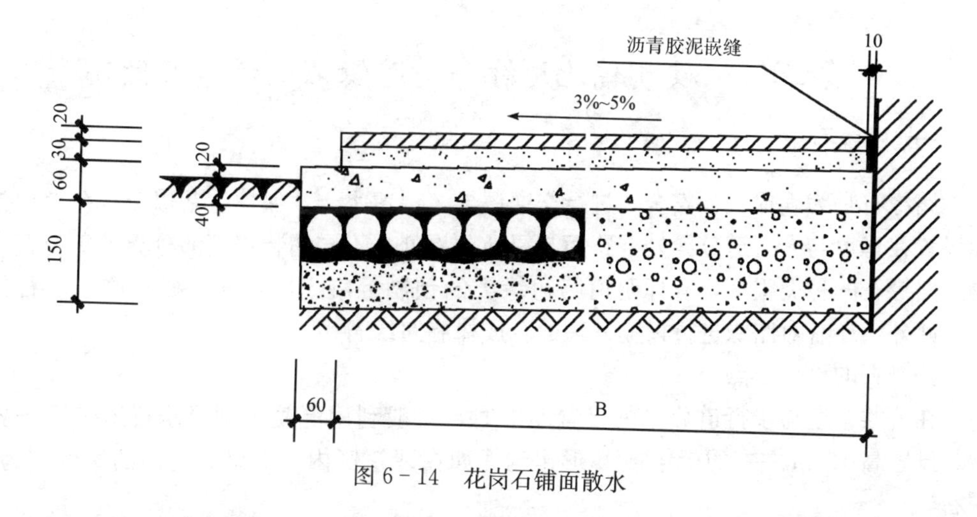

图 6－14　花岗石铺面散水

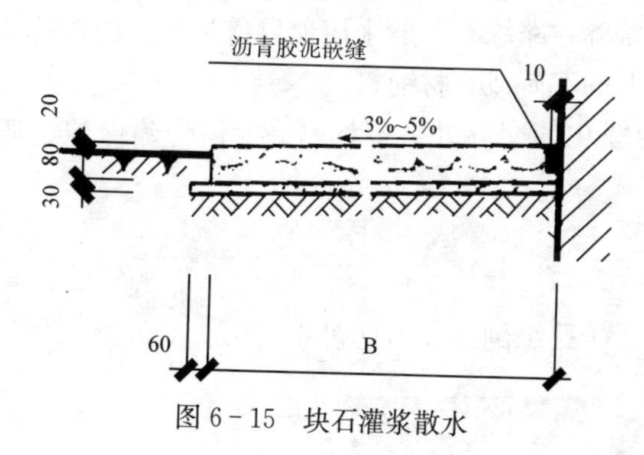

图 6－15　块石灌浆散水

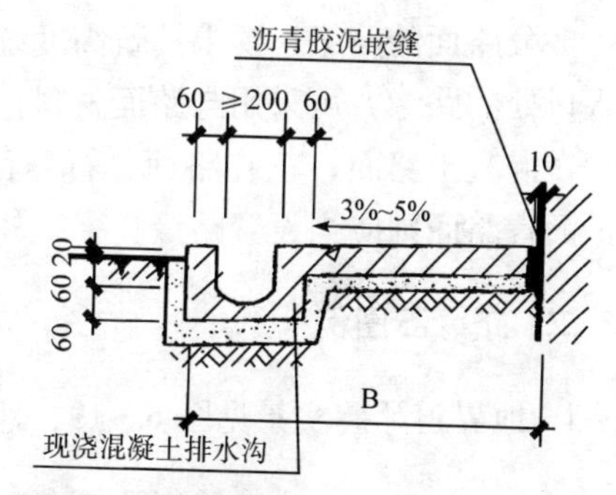

图 6－16　现浇混凝土排水沟散水大样图

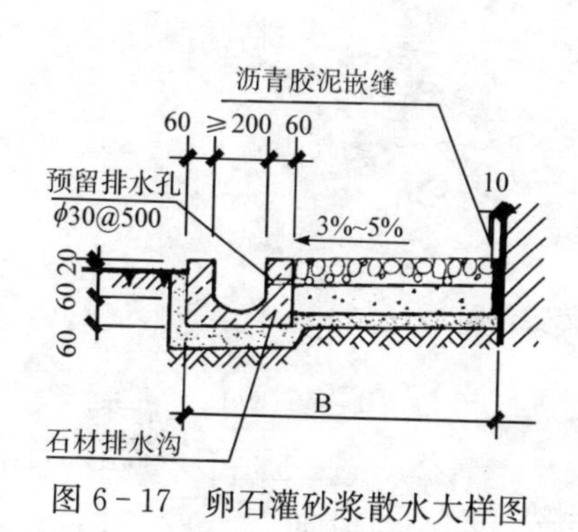

图 6－17　卵石灌砂浆散水大样图

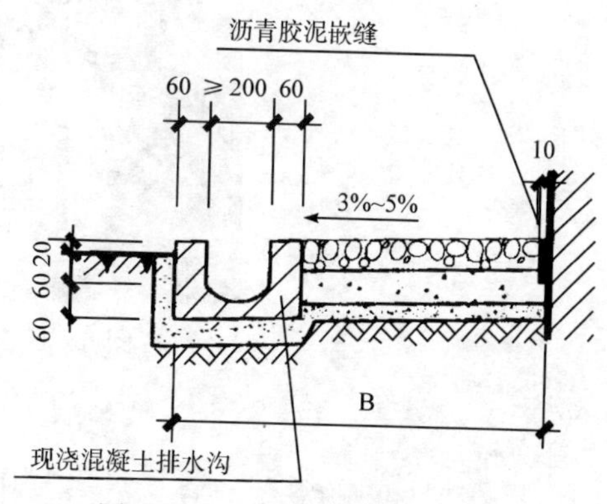

图 6－18　卵石满铺散水大样图

垫层，底层素土夯实，向外坡 3%～5%（图 6－18）。

小结：在铺设施工时，散水纵向每隔 6m 需设伸缩缝一道，缝宽 20mm，散水与外墙间设通长缝，缝宽 10mm，缝内满填沥青胶泥。地下水位高于－1.5m 时（以室外地面为±0.00），灰土垫层宜改用 300mm～400mm 厚天然级配砂石夯实。散水下如设防冻胀层，做法为加铺 300mm 厚中砂，并须在工程设计中说明。

第三节　硬质铺地边缘——路缘石的种类及做法

一、路缘石

路缘石是为确保行人安全，进行交通诱导，保留水土，保护植栽以及区分路面铺装等而设置在车道与人行道分界处、路面与绿地分界处、不同铺装路面的分界处等位置的构筑物。路缘石的种类很多，有标明道路边缘类的预制混凝土路缘石、砖路缘石、石材路缘石，此外，还有对路缘进行模糊处理的合成树脂路缘石。

路缘石的设计要点：

在公共车道与步行道分界处设置路缘时，一般利用混凝土制成步行道车道分界道牙砖，设置高 15cm 左右的街渠或 L 形边沟。如在建筑区内，街渠或边沟的高度则为 10cm 左右。

区分路面的路缘，要求铺筑高度统一、整齐，路缘石一般采用地界道牙砖。设在建筑物入口处的路缘，可采用与路面材料搭配协调的花砖或石材铺筑。

在混凝土路面、花砖路面、石路面等与绿化的交界处可不设路缘。但为确保施工质量，沥青路面则应当设置路缘。

二、路缘石图例

1. 地界道牙砖实景见图 6－19、地界道牙砖路缘剖面详图见图 6－20。

图 6－19　地界道牙砖实景图

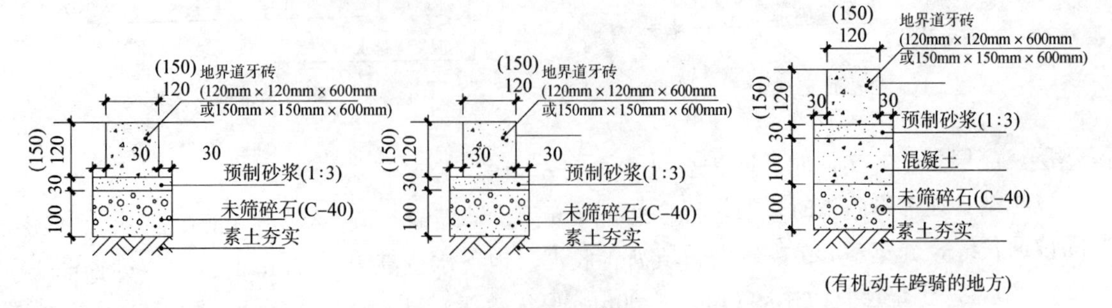

图 6－20　地界道牙砖路缘剖面详图

2. 步行道、车道分界道牙砖实景见图 6 - 21，步行道、车道分界道牙砖路缘剖面详图见图 6 - 22。

图 6 - 21　步行道、车道分界道牙砖实景图

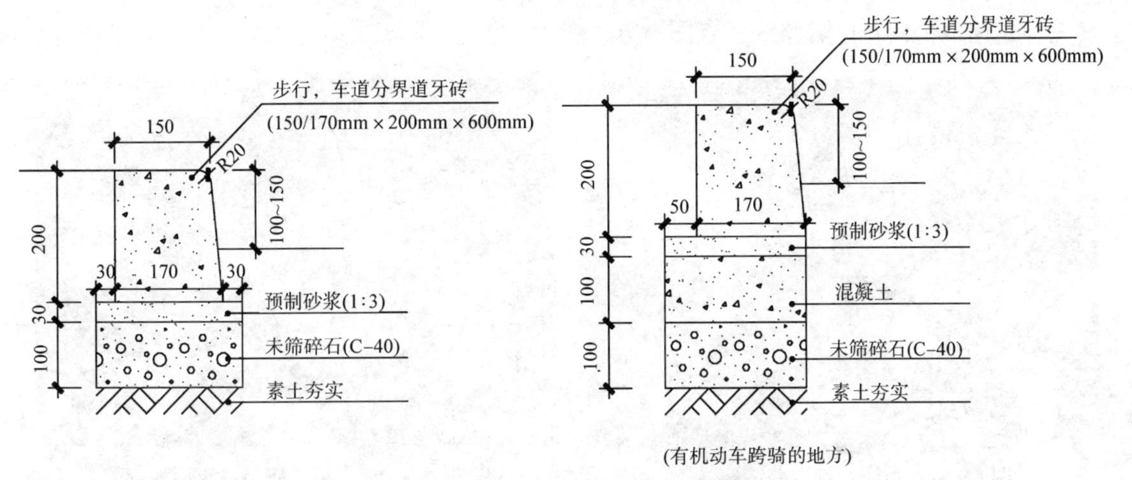

图 6 - 22　步行道、车道分界道牙砖缘剖面详图

3. 砖路缘实景见图 6 - 23，砖路缘剖面详图见图 6 - 24。

图 6 - 23　砖路缘实景

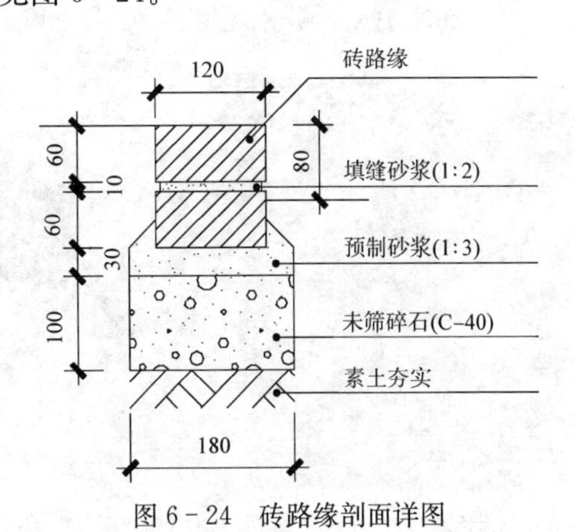

图 6 - 24　砖路缘剖面详图

4. 卵石路缘见图 6－25。

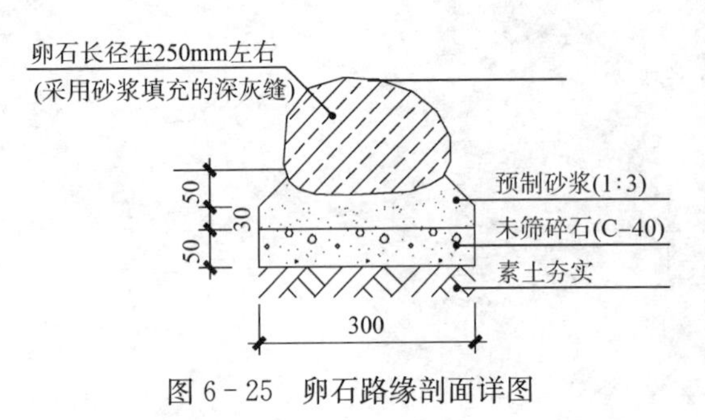

图 6－25　卵石路缘剖面详图

图 6－26　花岗石路缘

5. 花岗石路缘见图 6－26，（图 6－27）花岗石细方路缘实景图（图 6－28）地界道牙砖与建筑用地内的花岗岩路缘实景图

图 6－27　花岗石细方路缘实景图

图 6－28　地界道牙砖与建筑用地内的花岗岩路缘实景图

6. 其他类型，分别见图 6－29～图 6－32。

图 6－29　区分步行道与车道的路缘实景图

图 6－30　天然石（白河石）的路缘实景图

图 6－31　混凝土仿木路缘实景图

图 6－32　路缘上将雨水返还绿地的处理

第四节　水体维护边缘——驳岸的构造及做法

水体岸壁是保护园林中水体的设施。园林中驳岸是园林工程的组成部分，必须在符合技术要求的条件下具有造型美，并同周围景色协调。

园林驳岸按断面形状可分为整形式和自然式两类。对于大型水体和风浪大、水位变化大的水体以及基本为规则式布局的园林中的水体，常采用整形式直驳岸，用石料、砖或混凝土等砌筑整形岸壁。对于小型水体和大水体的小局部，以及自然式布局的园林中水位稳定的水体，常采用自然式山石驳岸或有植被的缓坡驳岸。自然式山石驳岸可做成岩、矶、崖、岫等形状，采取上伸下收、平挑高悬等形式。

园林水体要求有稳定、美观的水岸以维持陆地和水面一定比例的使用面积，防止陆地被淹或水岸坍塌，因此在水体边缘必须建造驳岸与护坡，否则因冻胀、浮托、风浪淘刷或超重荷载造成岸壁塌陷，从而破坏了原设计意图，甚至造成事故。与此同时，作为水景组成的驳岸直接影响园景，故须将实用、经济、美观统筹考虑，力求成景而不是煞景。

一、影响驳岸的主要因素

驳岸可分为湖底以下地基部分、常水位至湖底部分、常水位与最高水位之间的部分和不受淹没的几个部分。

湖底基地直接坐落在不透水的坚实地基上是最理想的，否则由于湖底基地荷载强度与岸顶荷载不相适应而造成均匀或不均匀沉陷，使驳岸出现纵向裂缝甚至局部塌陷。常水位至湖底部分处于常年被淹没状态，其主要破坏因素是湖水渗透。

常水位至最高水位这部分驳岸则经受周期性淹没，随水位上下的变化也受冲刷，如果不设驳岸，岸土可能被冲落。而最高水位以上不被淹没的部分，主要是受浪击、日晒和风化剥蚀，驳岸顶部可能因超重荷载和地面水的冲刷遭到破坏。

二、驳岸平面位置与岸顶高程

与城市河流接壤的驳岸应按照城市河道系统规定平面位置建造，园林内部驳岸则根据湖体施工设计来确定驳岸位置。在平面图上以常水位线显示水面位置，如为岸壁直墙则常水位线即为驳岸向水面的平面位置。整形式驳岸岸顶宽度一般为 30cm～50cm，如为倾斜的坡岸，则根据坡度和岸顶高程确定。岸顶高程应比最高水位高出一段以保证湖水不致因风浪拍岸而涌入岸边陆地面，因此，高出多少应根据当地风浪拍击驳岸的实际情况而定。

三、驳岸的类型及构造

园林驳岸是起防护作用的工程构筑物，由基础、墙体、盖顶等组成，修筑时应坚固和稳定。驳岸多以打桩作为加强基础的措施。施工中选坚实的大块石料为砌块，也有采用断面加宽的灰土层作基础将驳岸筑于其上。驳岸最好直接建在坚实的土层或岩基上，如果地基软弱，须作基础处理工程。驳岸常用条石、块石混凝土、混凝土或钢筋混凝土作基础，也可用浆砌条石、山石、混凝土或钢筋混凝土作基础，以浆砌条石、浆砌块石勾缝、砖砌抹防水砂浆、钢筋混凝土以及用堆砌山石作墙体，用条石、山石、混凝土块料以及植被作盖顶。在盛产竹、木材的地方也有用竹、木经防腐处理后作竹木桩驳岸。驳岸每隔一定长度要留有伸缩缝。其构造和填缝材料的选用应力求经济耐用，施工方便。寒冷地区驳岸背水面需做防冻胀处理，驳岸构造的方法有填充级配砂石、焦渣等孔隙易滤水的材料，或采用砌筑结构尺寸大的砌体、夯填灰土等坚实、耐压、不透水的材料。

1. 条石驳岸

采用花岗石做的条石驳岸外观整洁，坚固耐用，但造价高。

条石驳岸自湖底至岸顶约 1.7m～2.0m。因驳岸自重大而湖底又有淤泥层或流砂层，因此湖底以下需采取柏木桩基。桩呈梅花形排列又称梅花桩。采用直径在 10cm 以上的圆柏木，长约1.6m～1.7m，以打至坚实层为度。桩距约为 20cm，桩间填以石块以稳定木桩，桩顶浆砌条石。荷载通过桩尖直接传送到湖底的土层上去，或者是藉木桩侧表面与泥土间的摩擦力将荷载传送到桩周围的土层中，以达到控制沉陷和防止不均匀沉陷的目的（见图 6－33、图6－34、图6－35）。

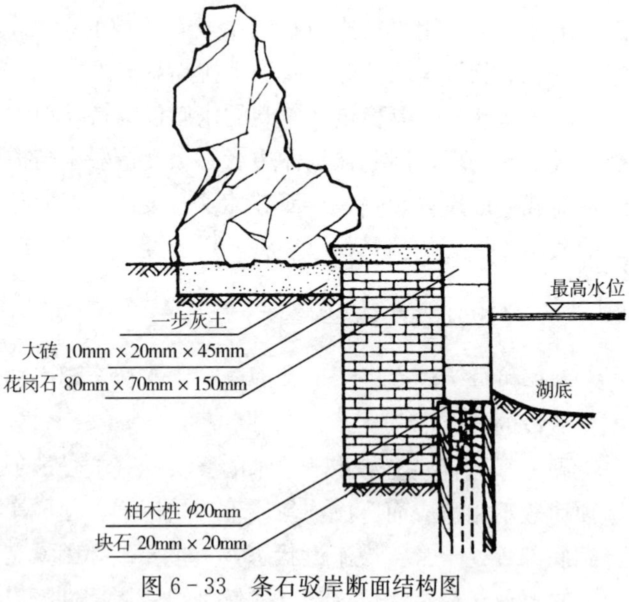

图 6－33　条石驳岸断面结构图

2. 山石驳岸

山石驳岸的柏木桩基同条石驳岸，只是后面城砖宽度为 50cm 左右。桩机顶面用石条压顶，条石上面浆砌块石。在常水位以下开始接以自然山石，常水位以上所见便都是山石外观。山石驳岸还可滞留地面径流中的泥沙，又可与岸边置石、假山融为一体，或扩展为泄山洪的喇叭口，或成峡、成洞，增加自然山水景观的变化（图 6－36 山石驳岸横断面图，图 6－37）。

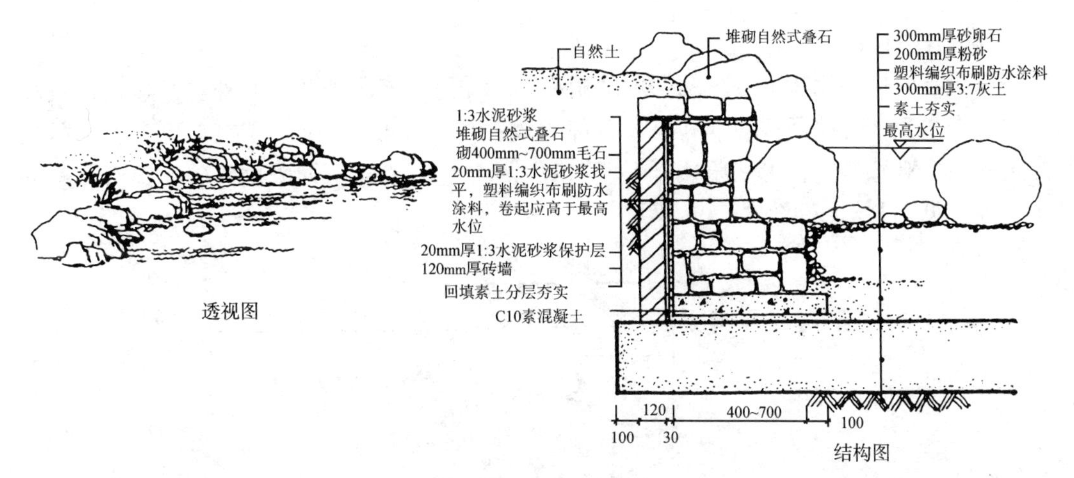

图 6-34　石矶式驳岸

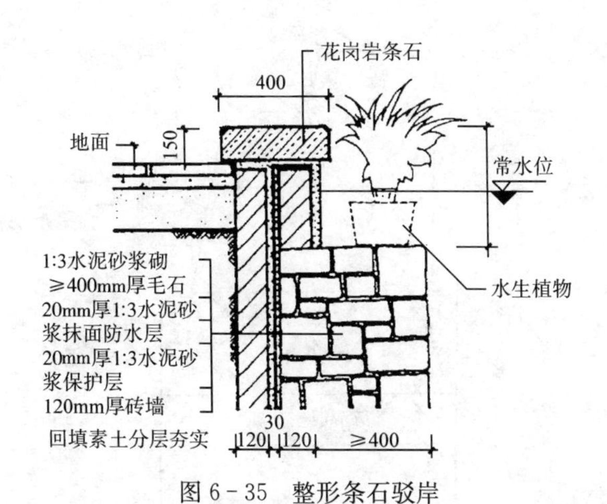

图 6-35　整形条石驳岸

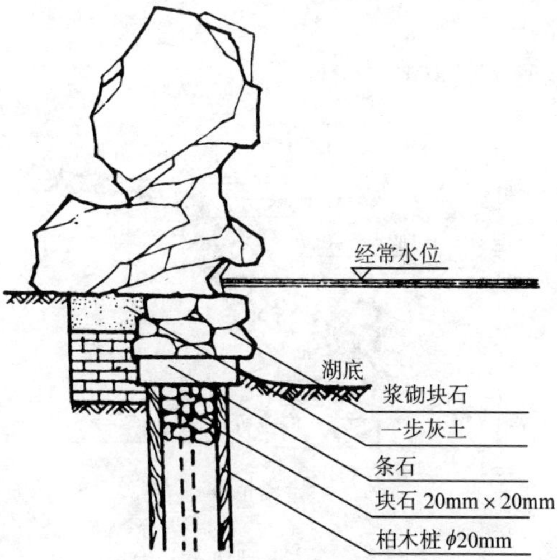

图 6-36　山石驳岸横断面图

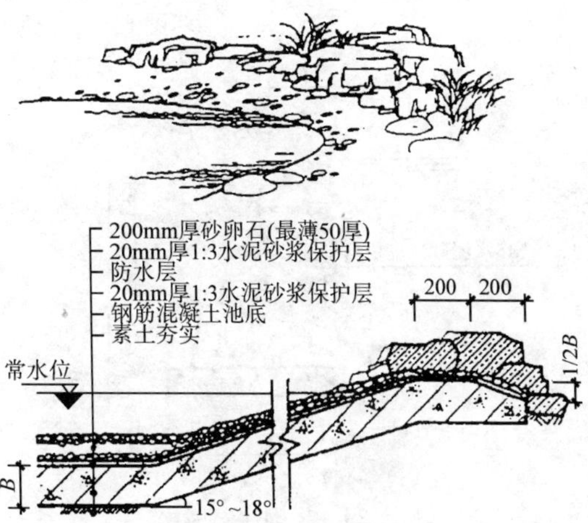

图 6-37　卵石驳岸

3. 浆砌块石驳岸

浆砌块石驳岸多用于南方，结构尺度稍小，无需防止冻胀破坏，而外观又显得比较轻巧。块石作水工挡土墙面但墙顶和压顶石都比较轻巧，一般为 30cm 左右，也有不设压顶石为边的，但观感略差。可在压顶石下埋钢筋以增加整体性，下面采用碎砖、碎石和碎混凝土块等（见图 6-38、图 6-39、图 6-40）。

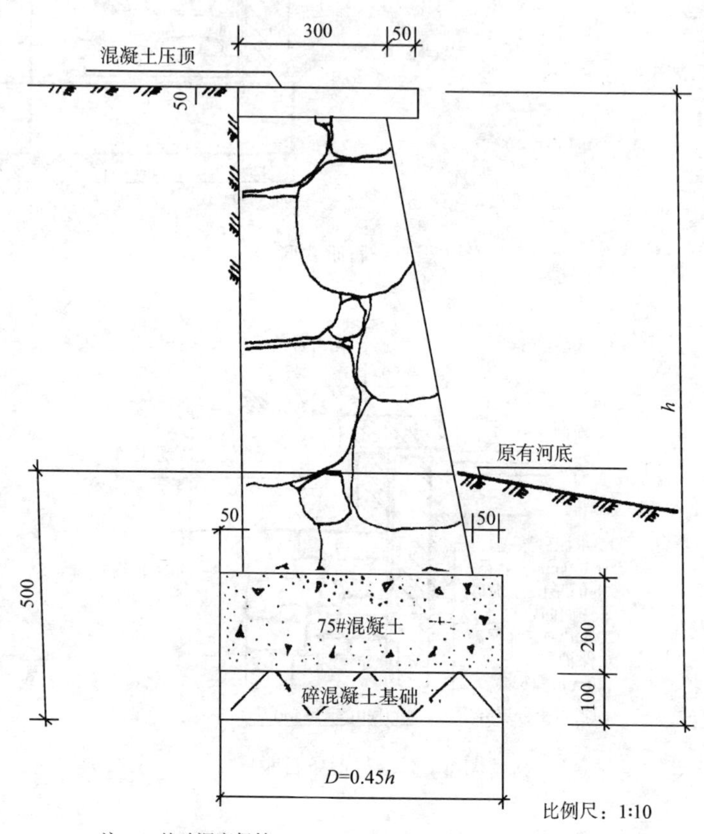

注：1. 基础深度保持500mm。
2. 基础宽D为驳岸总高度h的0.45倍。

图 6-38　浆砌块石驳岸的模式

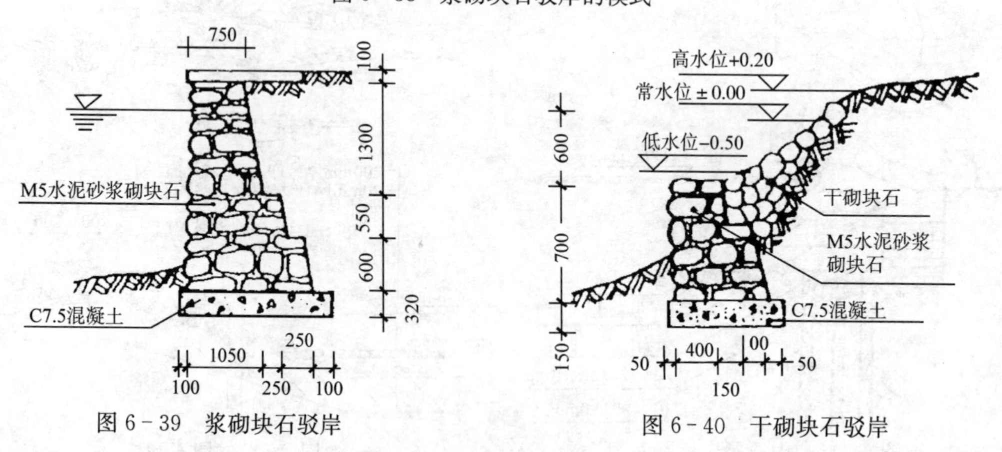

图 6-39　浆砌块石驳岸

图 6-40　干砌块石驳岸

4. 除了石材和混凝土外，亦有加以木桩和水泥塑竹的驳岸类型，其多用于湿润的南方地区（见图 6－41，图 6－42）。

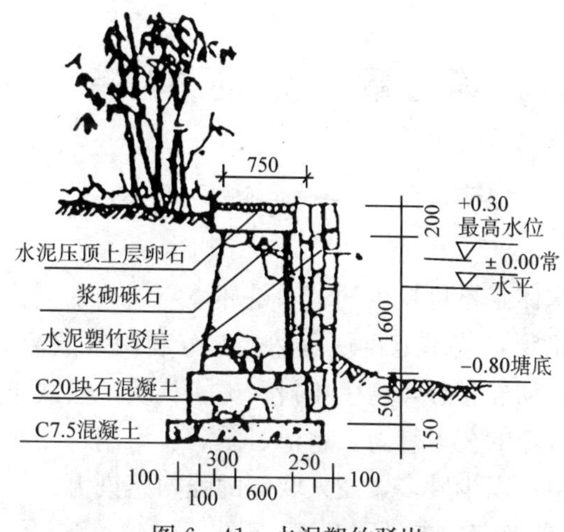

图 6－41　水泥塑竹驳岸

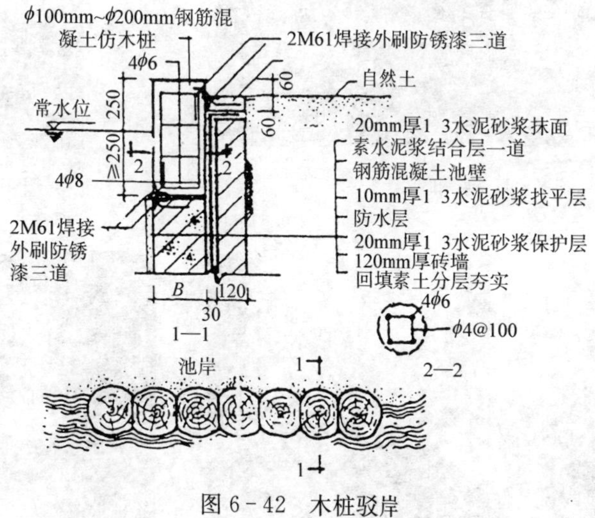

图 6－42　木桩驳岸

第七章　水池构造

第一节　景观水景与构成

古今中外之造园，水体是不可缺少的。水是环境空间艺术创作的一个重要元素，可藉以构成多种格局的园林景观，艺术地再现自然。充分利用水的流动、多变、渗透、聚散、蒸发的特性，用水造景，动静相补，声色相衬，虚实相映，层次丰富，得水以后古树亭榭山石则形影相依，产生特殊的艺术魅力。水池、溪涧、河湖、瀑布、喷泉等水体往往又给人以静中有动，寂中有声，以少胜多，发人联想的强烈感染力。

景观水景物构成19种形态，参见图7-1至图7-14。

图7-1　亲和

图7-2　渗透

图7-3　延伸

图7-4　藏幽

图7-5　迷离

图7-6 暗示

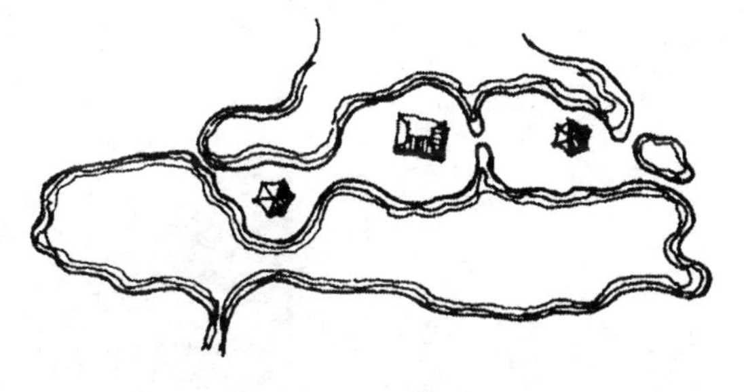

图7-7 萦回

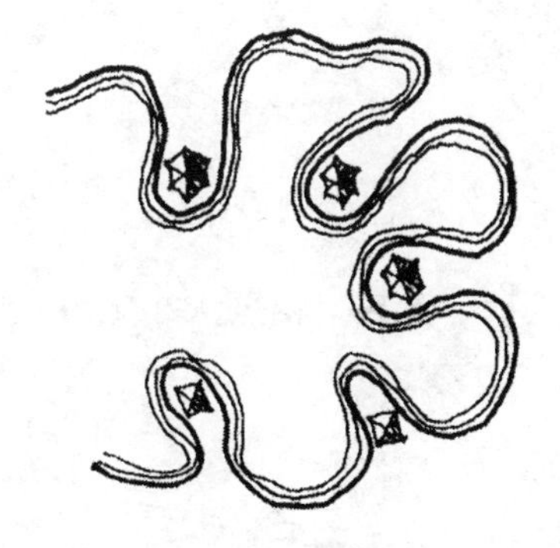

图7-8 隐约

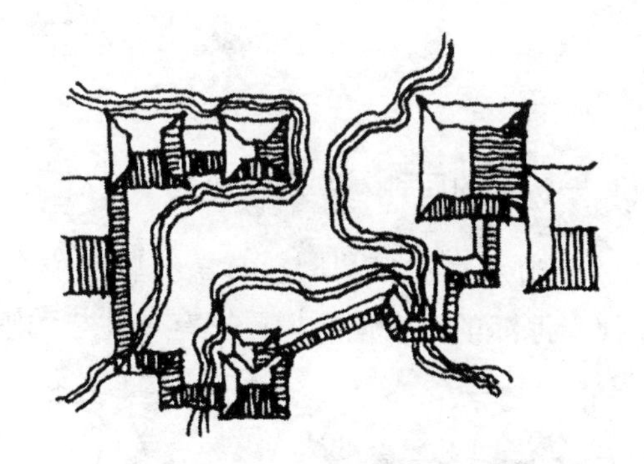

图7-9 隔流

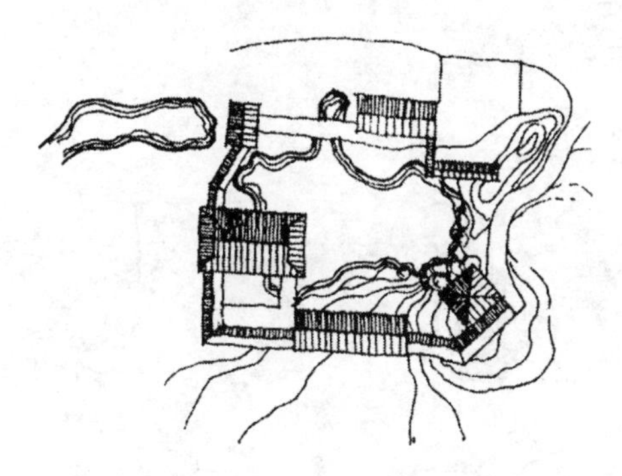

图7-10 引出

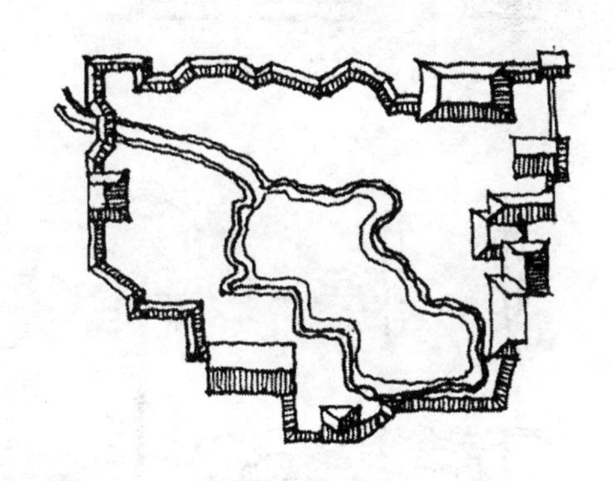

图7-11 引入

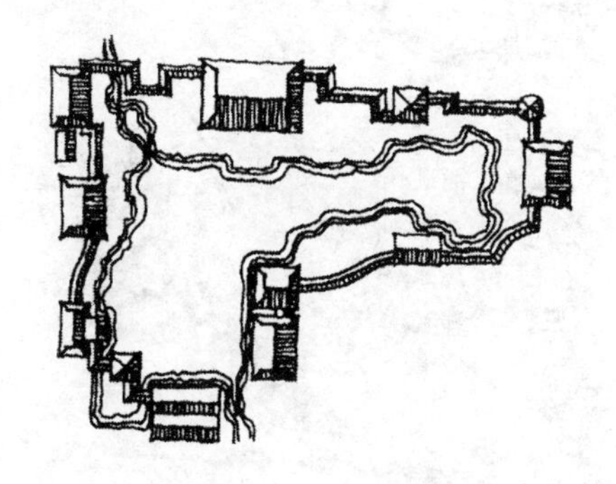

图7-12 收聚

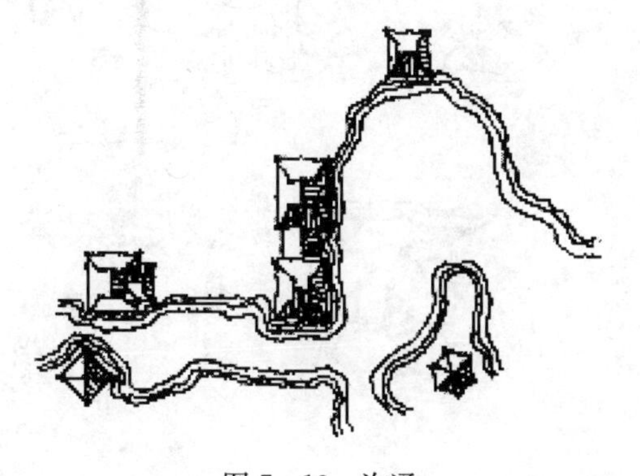

图7-13 沟通

图 7-14　水幕

一、水的四种基本表现形式

1. 流水（图 7-15）：有急缓、深浅之分，也有流量、流速、幅度大小之分，蜿蜒的小溪，淙淙的流水使环境更富有个性与动感。

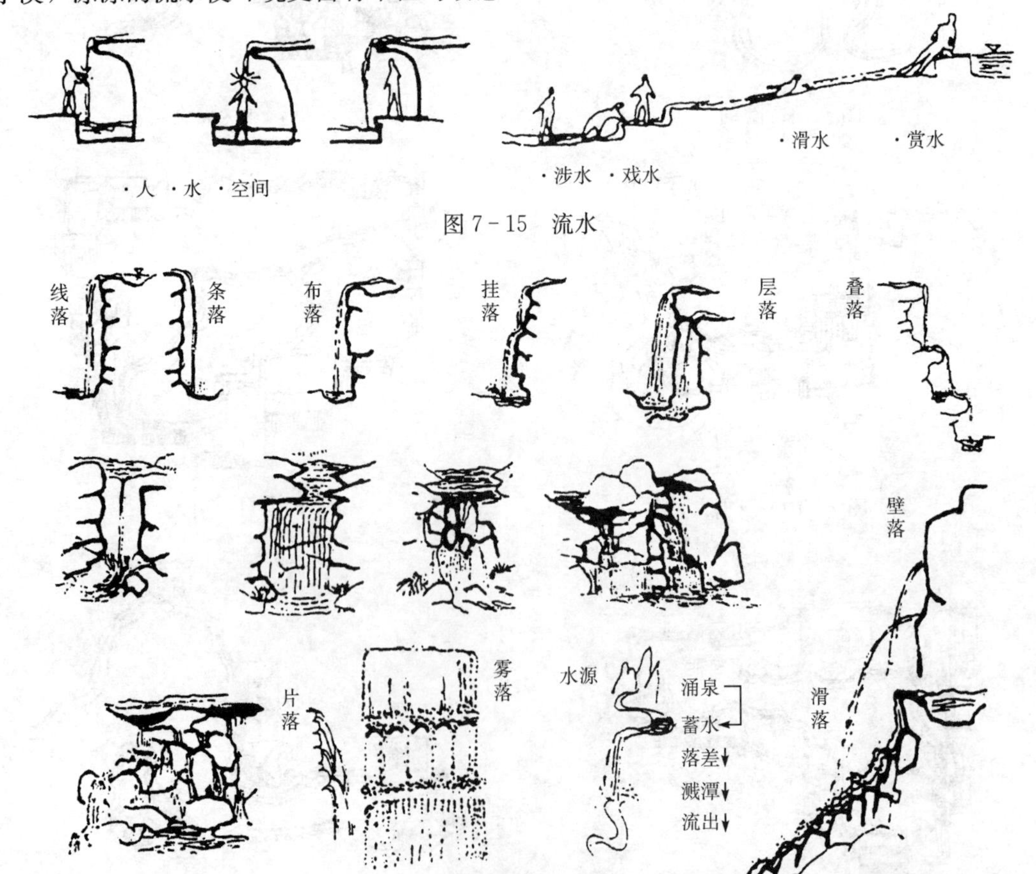

图 7-15　流水

图 7-16　落水

2. 落水（图 7－16）：水源因蓄水和地形条件之影响有落差溅潭。水由高处下落则有线落、布落、挂落、条落、多级跌落、层落、片落、云雨雾落、壁落，时而潺潺细语、幽然而落，时而奔腾磅礴，呼啸而下。

3. 静水（图 7－17）：平和宁静，清澈见底，表现为：

色——青、白、绿、蓝、黄、新绿、紫草、红叶、雪景；

波——风乍起，吹皱一池春水；波纹涟漪，波光粼粼；

影——倒影、反射、逆光、投影、透明度。

4. 压力水（图 7－18）：喷、涌、溢泉、间歇水，动态的美，欢乐的源泉，犹如喷珠吐玉，千姿百态。

图 7－17　静水

图 7－18　压力水

总之水能赋园林以生命，自身又独具柔美和韵味，可艺术地再现自然中的园林魂，并用概括和抽象、暗示和象征来启发人们的联想，从而产生特殊的艺术感染力。水又有大小之分：水大则为衬托背景，得水而媚，组成景点的脉络；水长则是自然溪流的源远流长，宽窄对比，深邃藏幽，藉收放而成序列变化，藉带状水面的导向性而引人入胜，水小则成为视线的焦点或景点观赏的引导。园内有水亦可引水出园，无水时则可引水入园，成有不源之水，或兼用地下水构成池、塘、泉、溪、涧。也可人工造泉——涌泉、喷泉以及近来发展成为能变换色彩灯光的音乐喷泉，使园林更添迷人的魅力。

二、水的感觉效应与视觉特征

1. 水的状态与情态

水的状态主要是指水的动态与静态，水的情态则是指动态或静态的水景与周围景致相结合而表达出的动、静、虚、实关系。

2. 水的形态与尺度

水的形态主要是指水面形状与水景形态，它们形成或完整，或分散，或连续的水的形态。水的尺度则与水面面积、水量、水的状态等相关。大尺度的水景气势磅礴、烟波浩淼，小尺度的水景则亲切宜人、充满情趣。

3. 水的速度与落差均是描述水流动状态的重要指标，水流速度越大、落差越大，则能量的消耗也越大。

4. 水光与水色

“山光潋滟晴方好，山色空蒙雨亦奇”，光与色能令水产生诗情画意的境界。

5. 水声

水的声音更增添了水的灵性，不同的水声造就出不同的心理感受——“隔篁竹，闻水声，如鸣佩环，心乐之。杂以蛙声、鸟声、虫声，声情并茂”。

三、水与其他景观的设计要素

1. 水与山水地形

“山随水转，水因山活”，“山蹊随地作低平”。在现代的景观规划设计中，“山”的概念已经引申为“地形”，但原理是相同的，水与地形应有机结合，二者互为依存，共同创建优美的生态城市、森林山水城市景观。

2. 水与建筑

不同的水与建筑物的组合可以产生不同的水态：以水环绕建筑物可产生“流水周于舍下”的水乡情趣；亭榭浮于水面，恍若神阁仙境；建筑物小品、雕塑立于中可作为引导、标志及点缀。

3. 水与植物

园林中各类水体，无论其在园林规划中作为主景或配置设置，无一不是借助植物来丰富水体的景观。水中、水旁、景观植物的姿态、色彩所形成的倒影，均增添了水体的柔美感，有时绚丽夺目、五彩缤纷，有时幽静含蓄、色调柔和。

4. 水与人的相位与距离

观水、近水、临水、跨水等。

1）相位：相位是指人与水的空间位置关系，主要分为以下三种：

（1）水在上，人仰视水。瀑布等跌水类水景多属此类，这类水景富有动感与力量，能够达到震撼人心的效果，因此，在这类水景的设计中，控制好其流动中的形态非常重要。

（2）水在中，人平视水。只要控制好水景的高度与尺度，各类水景均可与人构成平视关系，因此，在这类水景的设计中，控制好其整体的空间形态非常重要。

（3）水在下，人俯视水。江、河、湖、海等自然界水景多属此类，人们往往通过水中行船、水中筑岛、水上建桥、水边筑堤来利用水、观赏水、亲近水。

2）距离：在人们的意识中，是非常渴望获得水空间诸多要素的完整体验，需要观水、临水、亲水、戏水并重。

当人与水“零距离”接触时（$S=0$），人对水的活动是直接参与性的，如戏水等；

当人与水“近距离”接触时（$0<S\leqslant 2\text{m}$），人对水的活动主要是贴水、亲水类活动；

当人与水“中距离”接近时（$2\text{m}<S\leqslant 50\text{m}$），人对水的活动主要是临水、跨水类活动；

当人与水“远距离”接近时（$50\text{m}<S$），人对水的活动主要是观水类活动。

四、水的造景理念及手法

1. 小中见大，扩大空间

“小中见大”是指以方寸园林之地映出大山名川之意境的造园手法。如水面，运用“小中见大”的手法，使其也能产生汪洋之感。具体来说，园林中的水面处理，不外乎“聚”与“散”两种：水聚，汪洋之感；水散，不尽之意，产生“小中见大”的效果。

2. 步移景换，景观外延

水亦动亦静，亦曲亦直，亦隐亦现形成弥漫之势，引导游人在游赏过程中获得“山形面面看，景色步步移”的丰富体验，同时，借助岸线的延伸、物体的倒影，表现出水的特殊之感，令人意犹未尽，以达到景观外延的效果。

3. 空间分隔，层次渗透

水面造景，往往依靠分隔与层次来增加水景的含蓄性，也使水景更加丰富。在传统的中国园林中，人们往往利用岛、堤、桥来划分水空间，形成水的动静之别，明大小之异，从而形成丰富的层次感。在现代园林景观设计中，除了传统的岛、堤、桥之外，水幕与水帘等也被人们用来进行水景塑造，从而创造出更为丰富的水环境空间。

4. 生态环保，综合效应

在当今园林景观水景设计中，水资源的生态保护与合理利用是十分重要的，将水景与水务工程结合起来，利用活水造景，从而避免水的浪费与污染。除此以外，还应充分发挥水的保健养生功能，创造出可观、可游、可居、可亲、可养生的生态水景观环境。

5. 水园旱做

造园的最高境界不仅是“形似”，更是“神似”。“唐山水”（“枯山水”）庭院景观，以山石和白沙为主体，以象征的手法，抽象的表现自然界的水景观。这种“不用滴水却能表现姿意汪洋”的造景手法，比真实的水景具有更广阔的想象空间与场地适应性。

6. 曲水流觞

曲水流觞最早来源东晋时期文人士大夫间流传的一种游戏。魏晋南北时期战乱纷争，朝权更迭，文人士大夫厌倦政治，纷纷归隐山林，寄情山水。曲水流觞正是他们饮酒作诗、游娱山水的一种方式。通常是在自然山水间选一蜿蜒小溪，置酒杯于溪中顺流而下，文人们散坐于溪边，待酒杯于转弯处停滞之时，则溪边之人须吟诗一首并饮尽杯中之酒，然后斟满酒杯，继续飘流。东晋大书法家王羲之就常于兰亭与友人共戏曲水流觞（图 7-19）。而后，曲水流觞这种游戏进入皇家园林，如流杯亭、流水音亭（图 7-20）。亭

图 7-19　东晋曲水觞图

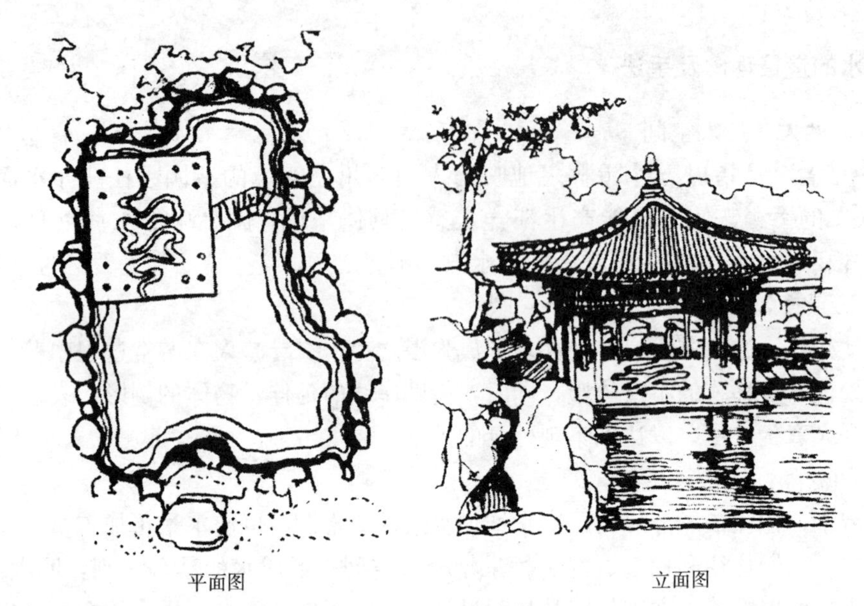
平面图　　立面图

图 7-20　流水音亭

为四角攒尖顶，亭内地坪做成曲折水道，引湖入内，帝王与妃嫔各站两边，仿古法吟酒作诗。

在现代园林中，曲水流觞又重新回归自然，走向野外。20 世纪 80 年代贝聿铭先生在北京香山饭店的花园设计中建造了一处曲水流觞平台——流华池作为景园中的主景，充分体现了中国的传统文化（图 7-21）。

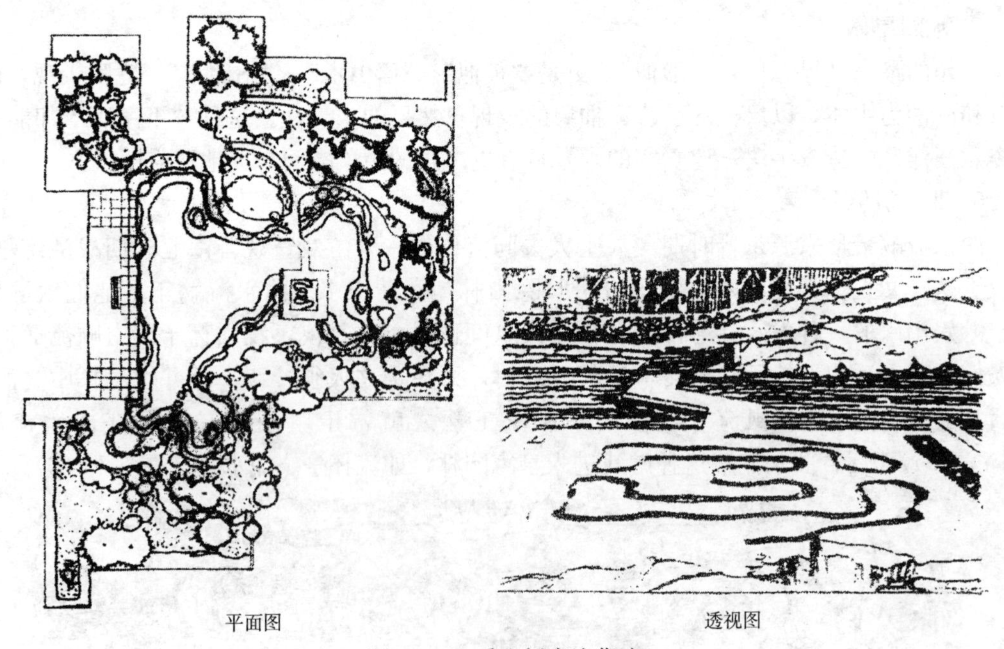
平面图　　透视图

图 7-21　香山饭店流华池

曲水流觞在各种景园中的作用不仅表现在平面布局上，还逐渐出现在立体的三维空间中，人们用各种形态表现其内涵，如德国柏林的城市广场就在金属斜面上用浅水槽表现了现代的立体曲水流觞（图 7-22）。在缺水或引水不便的区域，更是可用植物演绎一曲曲水流觞（图 7-23），用曲水流觞的雕塑，使这一古老游戏获得的诠释，并运用这一概念进行新的尝试和创新（图 7-24）。

图 7-22　德国城市广场的曲水流觞

图 7-23　植物曲水流觞

图 7-24　曲水流觞雕塑

第二节　水池的形态与构造

一、池塘系统

1. 概述

池塘系统是将溪流用坝拦截汇集自然流入的水，或将当地较高的地下水注入人工池塘中，或雨水的流入。

1）为保存水池塘系统要有合成垫层或黏土层作防渗处理。防渗层下有细碎颗粒基层保护，如果使用黏土做防渗层，保护层下经常要放纤维过滤层。植物则经常种植在盆中。

2）池边情况的变化有长植被的缓坡、乱石铺衬或更平滑的表面。在人的活动强度大或波浪大的区段，塘边应该用混凝土、石头或金属箅加固以防侵蚀和便于人们行走(图 7－25)。

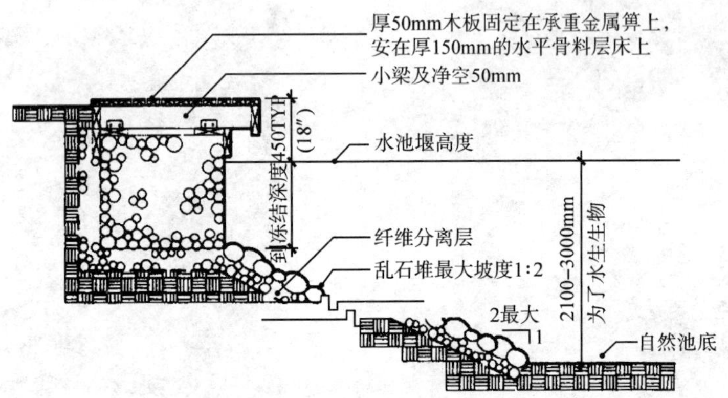

图 7－25　人类活动的边坡样式

3）大型池塘应采用缓坡（小于 3∶1）作为安全措施。若在池塘边设有植被湿地时，植床坡度要更缓，一般为 10∶1（见图 7－26）。

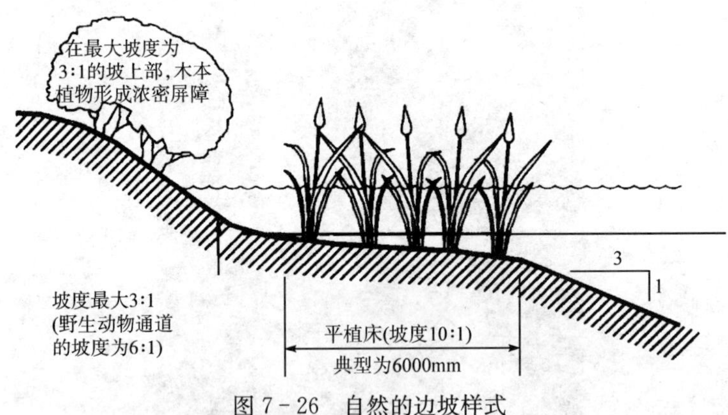

图 7－26　自然的边坡样式

4）观赏性和娱乐性池塘还必须严格控制含富营养物流入，以抑制水藻生长。池塘周围径流应改变流向使其不流入池塘。

5）通常要求充气来维持生物生长和降低水温。这可以通过喷射或其他同时具有美学效果的水景展示来实现。

6）池塘深度要根据设计意图、池塘的大小和气候来定。总的来说，大型较深的池塘能有效促进生物的活动，池塘中动植物最深可以在 450mm～600mm 处生存。当深度超过 3m 将使池塘中产生温差层和季节周转。

7）温暖及寒冷气候区，冬季生物活动受“冻结”影响，为此要提供适当深度。在寒冷地区深度至少应该在 600mm～900mm。更冷的地区要求最深处至少为1500mm～1800mm。

2. 类别

1）衬砌水池

衬砌是最常见的池塘建造方法之一。衬砌材料丰富多样，适用于中小型水池。安装示意图（见图 7-27）。

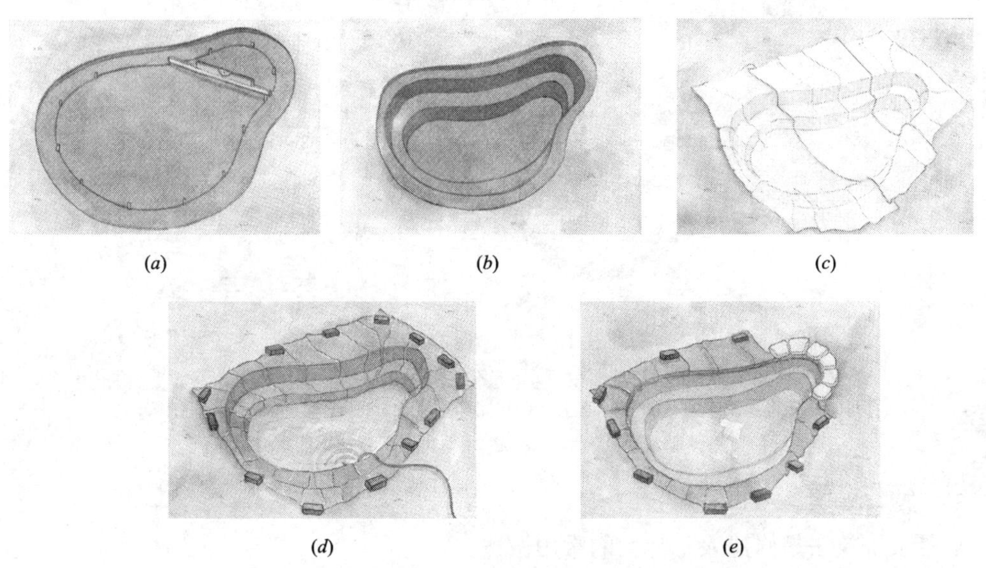

图 7-27 安装示意图

（a）确定水池范围，将场地整平；（b）分级挖坑；（c）将防水卷材铺满水池底及边缘；（d）将防水卷材四周用砖压紧，并灌水；（e）将水池边缘用石材重新压实，装饰

池塘衬砌材料表见表 7-1。

池塘衬砌材料表 **表 7-1**

种类	价格	持久性	是否易于安装	设计的灵活性	维修难度	评价
标准的聚乙烯衬料	便宜	不好	比较容易	好	难	脆，容易破碎，难以钻洞
PVC 衬料	比较便宜	较好～好	容易	很好	可能（如还有弹性）	
丁基衬料	适中	很好	容易	特别好	任何时候都有可能	
预塑水池法	适中～稍贵	一般～很好（视材而定）	一般	有限	大部分材料都有可能	表面光滑
标准浇筑法	适中～贵	不好～特别好（视施工水平而定）	很难	好～很好	难	非常坚固，需要粘合
丁基浇面浇筑法	贵	很好	较难	好～很好	可能	坚固，不需要粘合
丁基夹层浇筑法	很贵	很好～特别好	难	好～很好	非常难（但是不大可能损坏）	非常适合用于公共场合，需要粘合

2）预塑水池

预塑水池法，也称为模造水池法，是常用的园林水景安置方法之一。

平滑的抛面漆使得池底平整光滑，极易清洗。（图 7-28）。

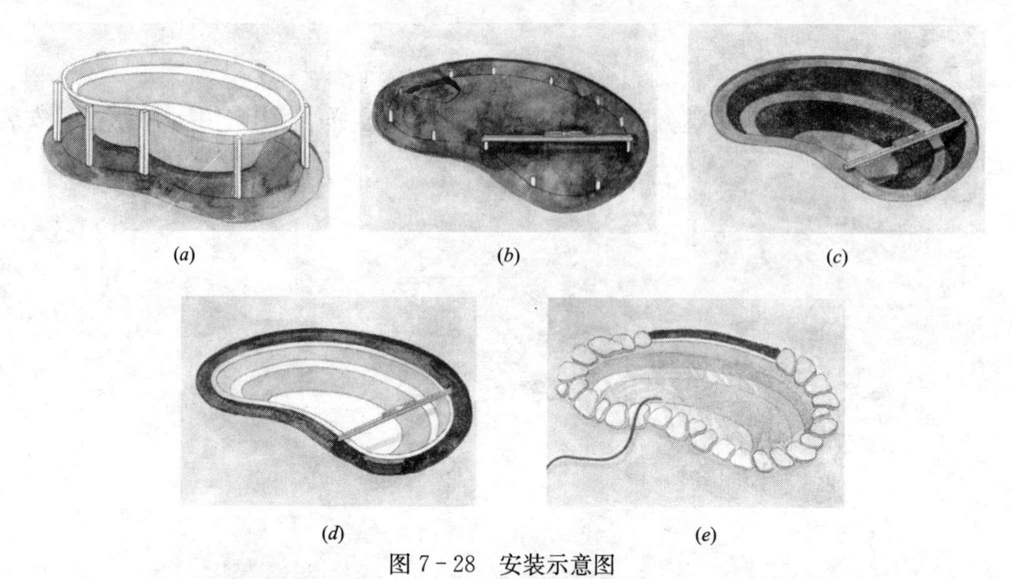

图 7-28　安装示意图

(*a*) 先将预制水盆放置于地基上；(*b*) 测算垂直投影面积；(*c*) 根据尺度挖坑；
(*d*) 将预制水盆放入坑中；(*e*) 水盆边缘用石材压实，并灌水

3) 浇筑池塘

混凝土浇筑法是修建人工池塘的常用做法。

混凝土水池的弹性远不及衬砌的水池，也赶不上预塑水池，所以容易被冰冻破坏。为了克服这些问题，混凝土层需要有一定厚度，必要时还需要特殊的加固。

为了保持水池的最佳强度，混凝土最好是在同一天浇灌。挖好的槽坑应当足够大，可以为池墙和池基的厚度留出一定的余地。避免在过于寒冷或者炎热的季节浇筑水池。(图7-29)。

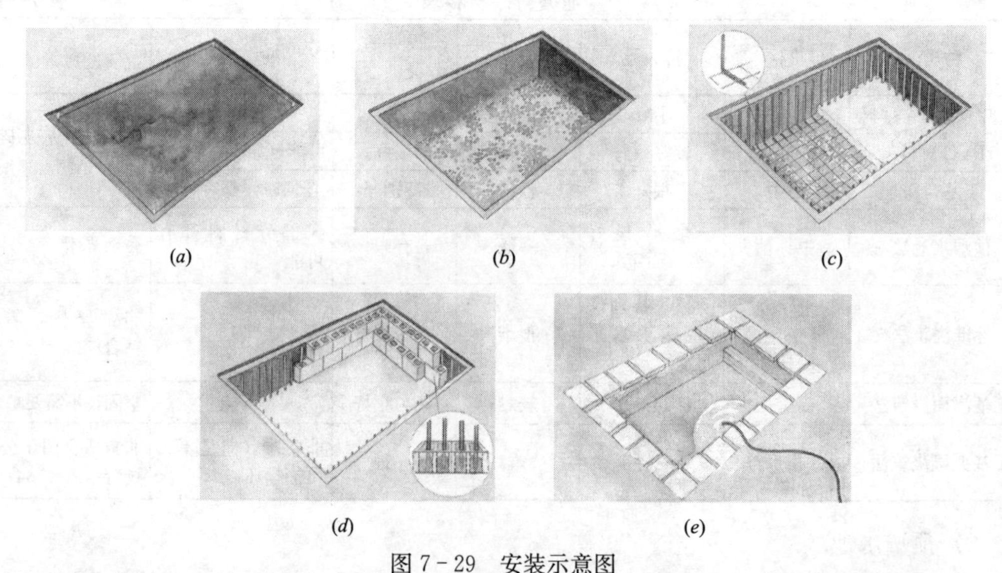

图 7-29　安装示意图

(*a*) 测量地量面积，确定范围；(*b*) 挖坑并在底层垫入碎石；(*c*) 底层铺置钢丝网，并浇筑混凝土；
(*d*) 水池侧面用预制混凝土块砌筑；(*e*) 将水池边缘压实，并灌水

混凝土配料：

地基：一份水泥，二份细砂，四份石料；

池墙和池基：一份水泥，二份、三份粒径 5mm～20mm 的石料；

防水加固层：一份水泥，三份建筑砂＋防水剂。

4）抬高式水池

将水池修建得高出地面，使之更加贴近游人的目光，这样做有诸多的好处。抬高式水池比下沉式水池更容易修建，也更加便于使用虹吸管来更换池水。（图 7－30）

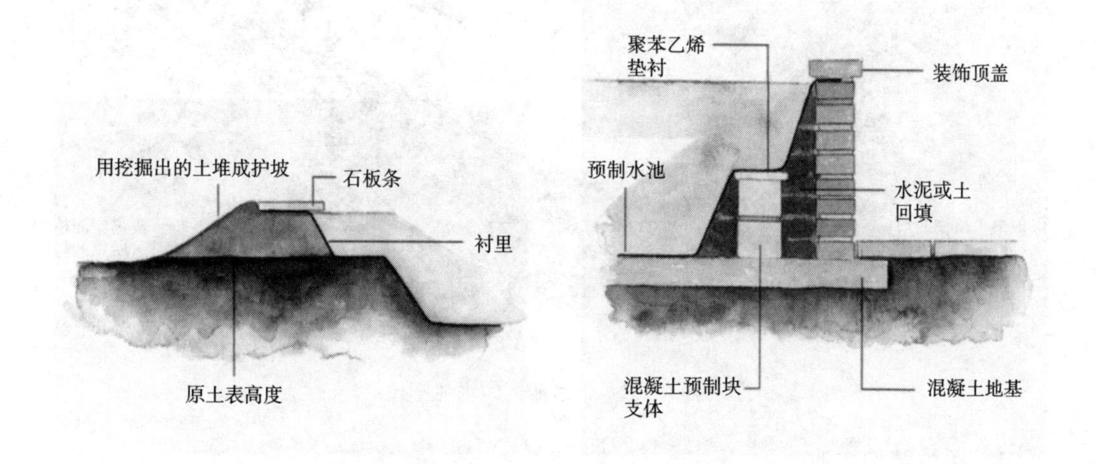

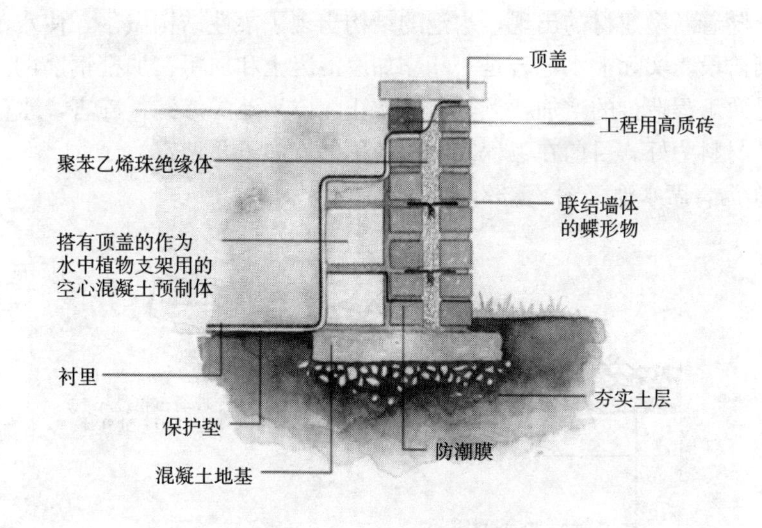

图 7－30　抬高式水池

5）人造自然池塘

（1）水池应当深浅不一，有不同的深度层次。

（2）水池中要有多种水生植物提供绿阴，但要留出一定的露天部分。

（3）要有通向池塘边的道路，如一道浅浅的斜坡，或是质地恰当的水池边缘，比如草皮等等。

(4) 水池要有一定宽度的池边沿儿，借以形成连接水池和水池周围环境的过渡区。(见图 7-31)。

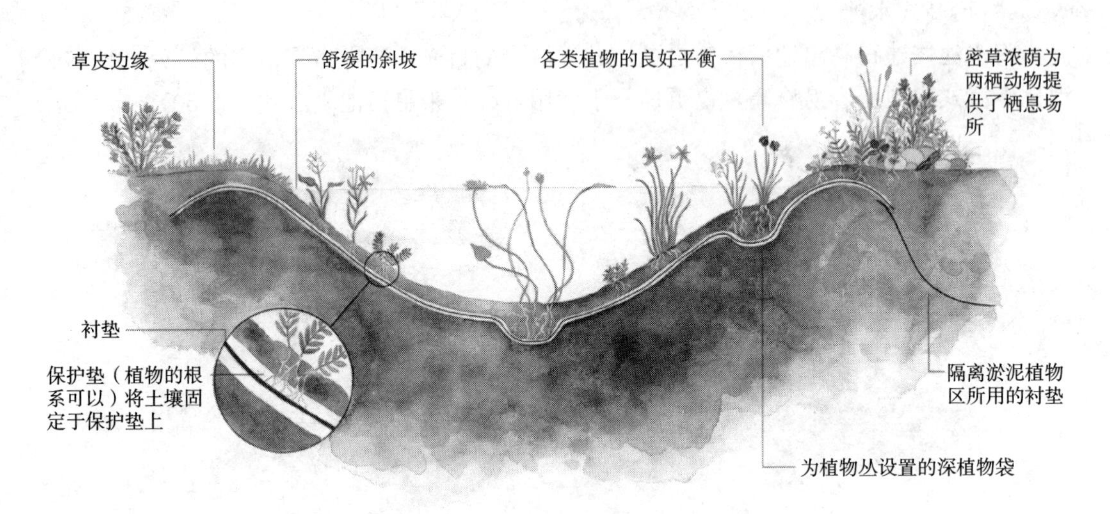

图 7-31　带过渡区的水池样式

二、柔性结构水池

近几年，随着新型建材的出现，水池的结构出现了柔性结构做法，使水池设计与施工进入了一个新阶段。实际上水池若是一味靠加厚混凝土和加粗、加密钢筋网片是无济于事的，这只会导致工程造价的增加，尤其对于防止北方水池的渗漏、冻害，水池夹层以采用柔性不渗水的材料为好。目前在工程实践中使用的有如下几种：

1. 玻璃布沥青席水池（图 7-32）。

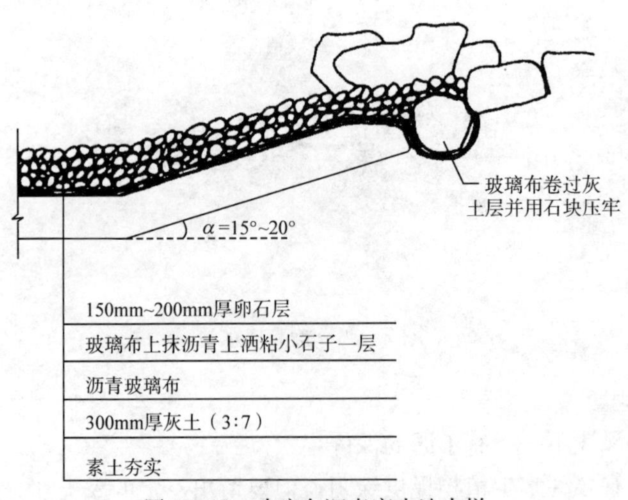

图 7-32　玻璃布沥青席水池大样

1）材料

① 玻璃纤维布：最好属中性，其碱金属氧化物含量不超过 0.5%～0.8%，玻璃布孔目 8mm×8mm～10mm×10mm；

② 矿粉：用粒径≤9mm 的石灰石矿粉，无杂质；

③ 粘合剂：沥青——0 号∶3 号＝2∶1，调配好后再与矿粉以沥青 30%；矿粉 70%比例调制。

2）工序

① 沥青、矿粉分别加热到 100℃；

② 将矿粉加入沥青锅内拌匀；

③ 将玻璃纤维布放入拌和锅内，浸蘸均匀再慢慢拉出，并使粘结在布上的沥青层厚度控制在 2mm～3mm，拉出后立即撒滑石粉，并用机械辊压匀、密实，每块布席长 40m 左右。

3）施工方法

将土基夯实，铺 300mm 厚灰土（3∶7），再将沥青布席铺在其上，搭接长为 50mm～100mm。同时用火焰喷灯熔融焊牢，并随即洒铺小石屑一层，而后在表层散铺 150mm～200mm 厚卵石层即可。

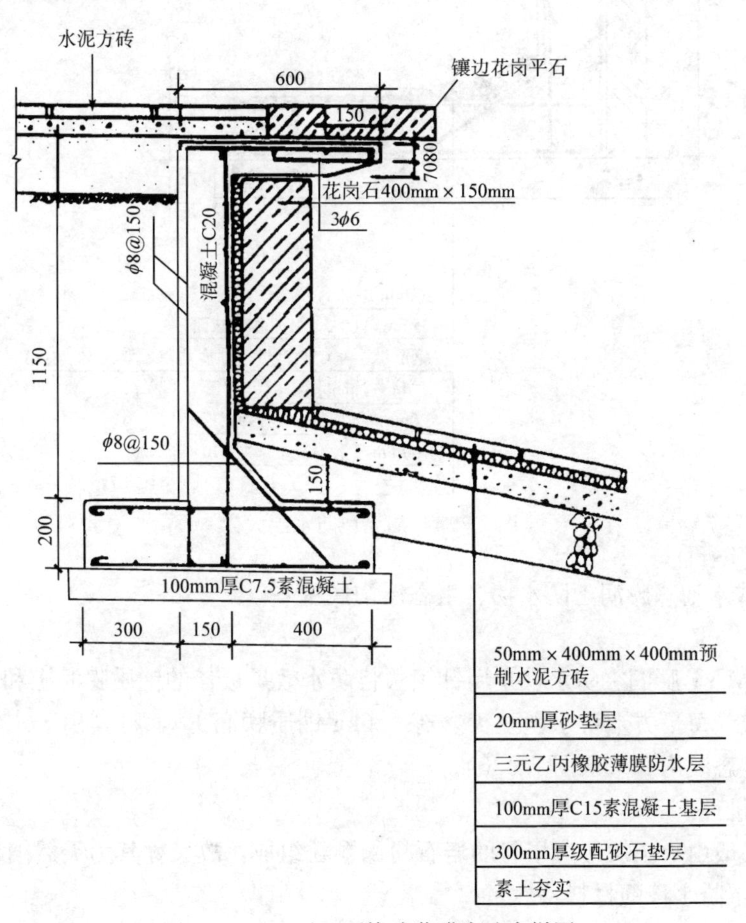

图 7-33　三元乙丙橡胶薄膜水池大样图

2. 三元乙丙橡胶薄膜水池

三元乙丙薄膜和橡胶薄膜水池是一种全新材料，其厚度为3mm～5mm，能经受－40℃～80℃，扯断强度＞7.35N/mm²，施工方便，可以冷作业，大大减轻劳动强度，自重轻，不漏水（图7－33）。

3. 再生橡胶薄膜水池

为使柔性水池降低造价和对旧橡胶的再生利用，继三元乙丙薄膜之后，又推出了再生橡胶薄膜这一新材料。

4. 油毛毡防水层（二毡三油）水池（图7－34）。

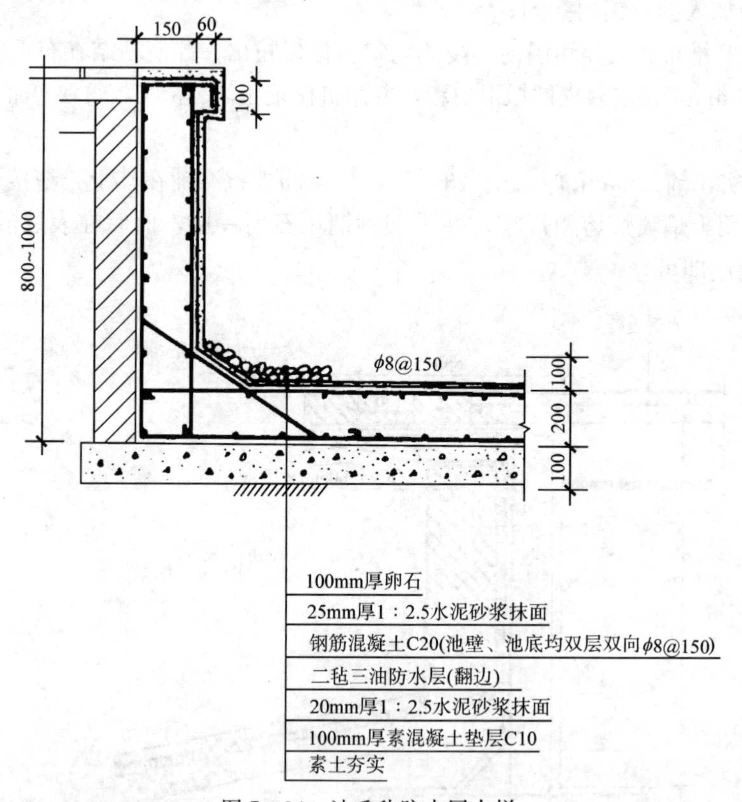

图7－34　油毛毡防水层大样

5. 软底式水池（膨润土防水毯、生态溪沟底壁）

1）概念

BENTOMAT膨润土防水毯是用针织法将防水效果极佳的钠质膨润土和高强度土工布织在一起而成（每平方米防水毯至少含有3.6kg钠质膨润土），将其用于水景即成为软底水池池底与生态溪沟底壁（图7－35）。

2）防水机理

膨润土一般由火山灰形成层状的岩石粉末颗粒组成，故又称其为天然纳米材料。

3）膨润土防水毯的材料特性

① 属环保产品。膨润土是天然矿物，反应为物理过程，因此不会污染环境。在施工时

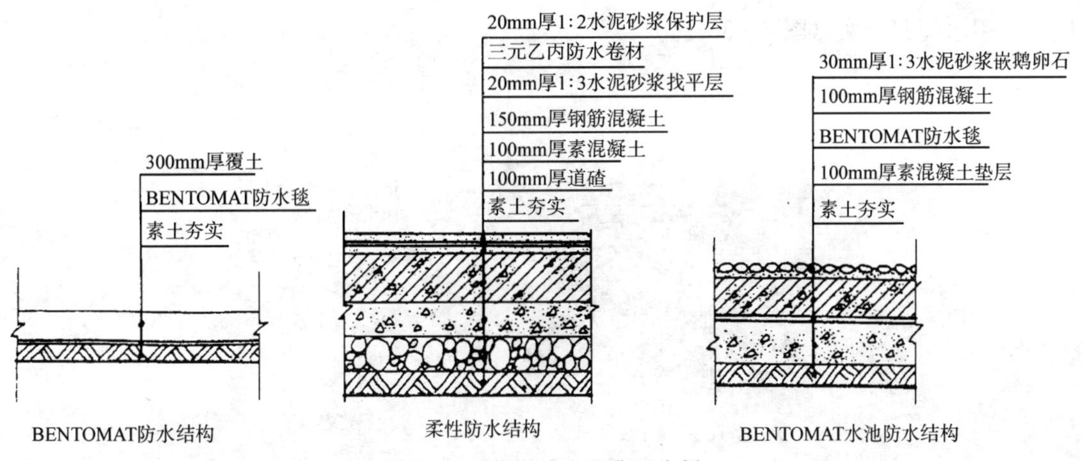

图 7-35　软底式水池典型大样

膨润土材料对人体没有不良影响。

② 使用寿命长。使用这种天然物质制成的材料不会变质，长期使用其防水性不会减弱，耐久性远超过结构物本身。

③ 工艺合理。无需在混凝土施工基面上做任何前期处理，也可以直接安装在夯实的土层上。钠质膨润土独有的膨胀性，能修补细小的裂缝空隙，当被尖物刺穿时，能自行修补，如遇不均匀沉降，产生的裂缝均能自行填补。

④ 施工简便，无需高级技工，施工速度快，限制条件少，能安装在潮湿的施工表面，在低温下（如－30℃）亦可发挥作用。

⑤ 容易维修和防水补强，防水施工结束后即使发生了缺陷，水也无法在结构物和防水材料之间流动，只要补修漏水部位就可以重新发挥作用。

4）施工方法

① 清除含有棱角的尖石、大石块、树根及其他杂物；

② 地基土层并分层夯实；

③ 铺设材料时小面积部位可裁成小块人工铺设，大面积铺放时应采用铲车或吊车等机械设备，不规则部位应尽量减少接缝；

④ 可以在潮湿环境下施工，但应避免浸泡在水中；

⑤ 搭接宽度为 30cm，并在搭接处撒膨润土；

⑥ 防水毯边缘应比水平面高并采用沟渠方法固定；

⑦ 如遇管线部分应以浆状膨润土涂补管边；

⑧ 铺设完成后需回填至少 30cm 厚夯实回填料（级配土层、砂或砾石），当人工湖边坡斜度超过 15 度时，边坡部分可采用厚 15cm 混凝土压实。如边坡部分铺设大块卵石时混凝土的厚度可酌情减薄，但总压实厚度要大于 15cm。

三、水池边缘

1. 铺装

在铺设衬砌式水池的边缘时，先整理出宽大约 15cm 的区域，然后再将石板铺放到土层上，用水泥浆砌实（图 7-36）。

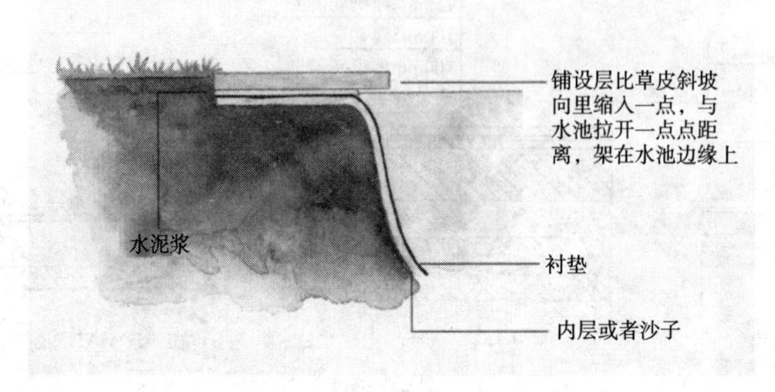

图 7-36　石材铺装边缘构造

2. 石头

对自然形状的水池来说，石头是一种绝妙的建造水池边缘的材料。

为了保护衬砌水池免受损伤，在衬垫之间夹入聚脂层或者类似的垫层，然后再将石头安置到位（图 7-37）。

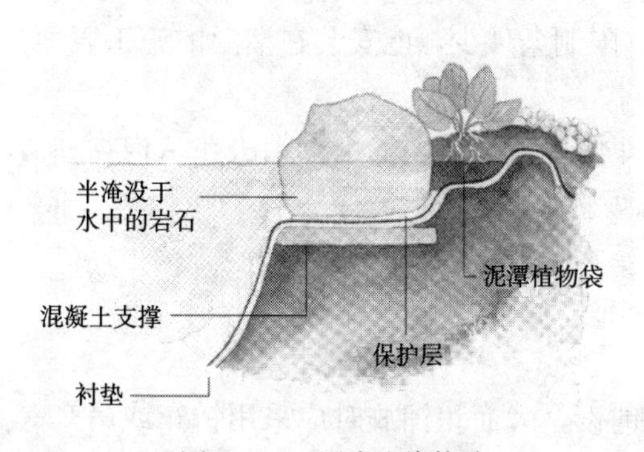

图 7-37　石头边缘构造

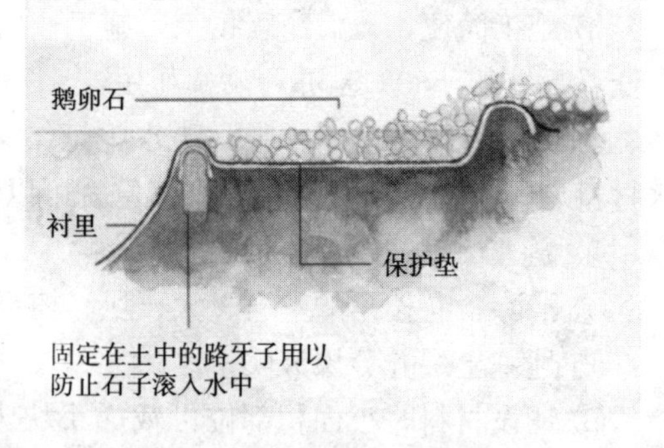

图 7-38　鹅卵石边缘构造

3. 鹅卵石水滩

要兴建鹅卵石水滩，应当在水池边缘修建宽而浅的池架。池架应呈水平面，在水池内缘形成一个框。将鹅卵石或圆石头放到池架上，呈逐渐坡向上部，直至与水池周围干燥的地面连为一体。在石头容易滚落处应用水泥加固（图 7-38）。

4. 木头

将木头钉在玻璃纤维固定板上，或者用钢夹固定在墙壁或混凝土支撑架上(图 7-39)。

5. 草皮

铺设草皮对于格调自然、野味十足的池塘来说是最好的边缘装饰，而且鱼群也喜欢在草根间漫游觅食。然而这样的水池装饰比其他形式的边缘更需要精心维护(图 7-40)。

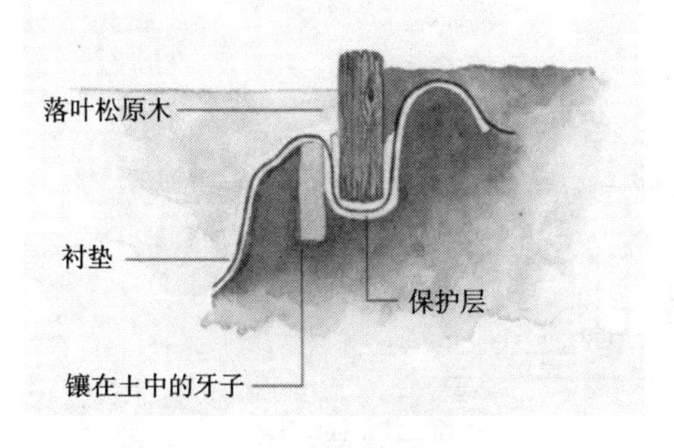

图 7-39　木头边缘构造

图 7-40　草皮边缘构造

6. 植物

石质池塘边则可以挂置任何一种铺装上过滤绒线及土壤的水袋，用它们盛种浅根水生植物及沼泽水草都具理想效果（图 7-41）。

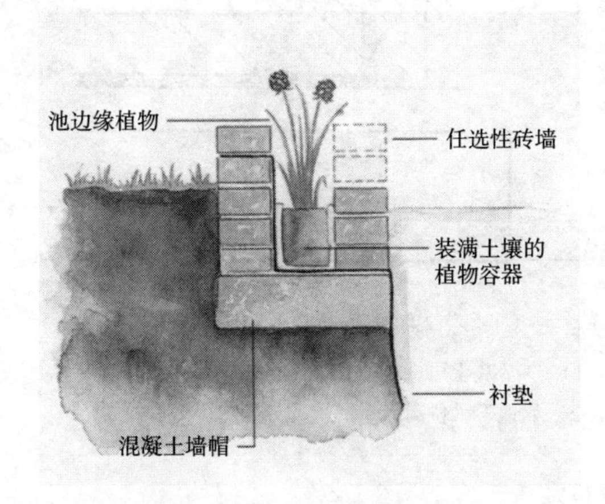

图 7-41　植物作边缘的构造样式

第三节　游泳池构造

一、通用防水做法

防水做法（顺序由下往上）：

1. 1）20mm 厚 1∶3 水泥砂浆找平层；2）防水层（按防水等级要求选择材料，见工程设计）；3）20mm 厚 1∶3 水泥砂浆保护层；4）防水钢筋混凝土池底（壁）。

2. 水泥基渗透结晶型掺合剂防水钢筋混凝土池底（壁）。

3. 1）钢筋混凝土池底（壁）；2）水泥基渗透结晶型浓缩剂和增效剂涂料防水层。

4. 1）土工布一层；2）EPDM 复合防水卷材。

5. 膨润土防水毯。

二、游泳池各部分构造图

1. 池底（图 7 - 42）。
2. 池壁（图 7 - 42）。

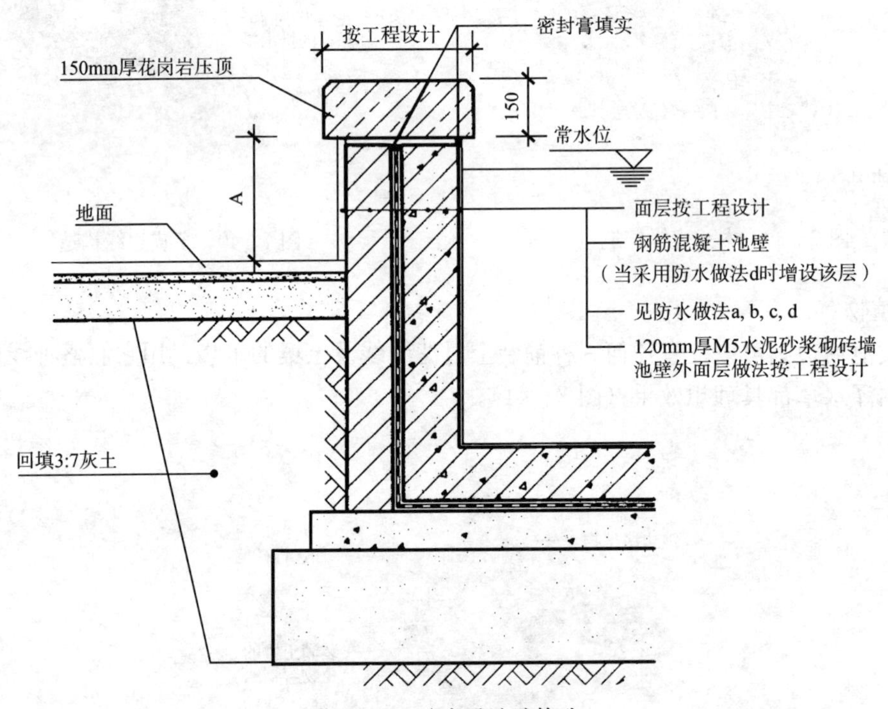

图 7 - 42　池底及池壁构造

注：1）3：7 灰土可根据所在地区情况，改用 1：2：4 砾石三合土。
2）如地下水位高时，回填部分采用级配砂石。

3. 进水口（图 7 - 43）。

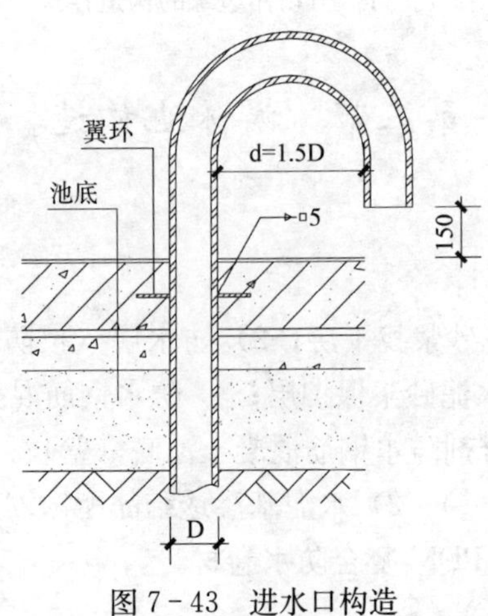

图 7 - 43　进水口构造

4. 排水口（图 7－44）。

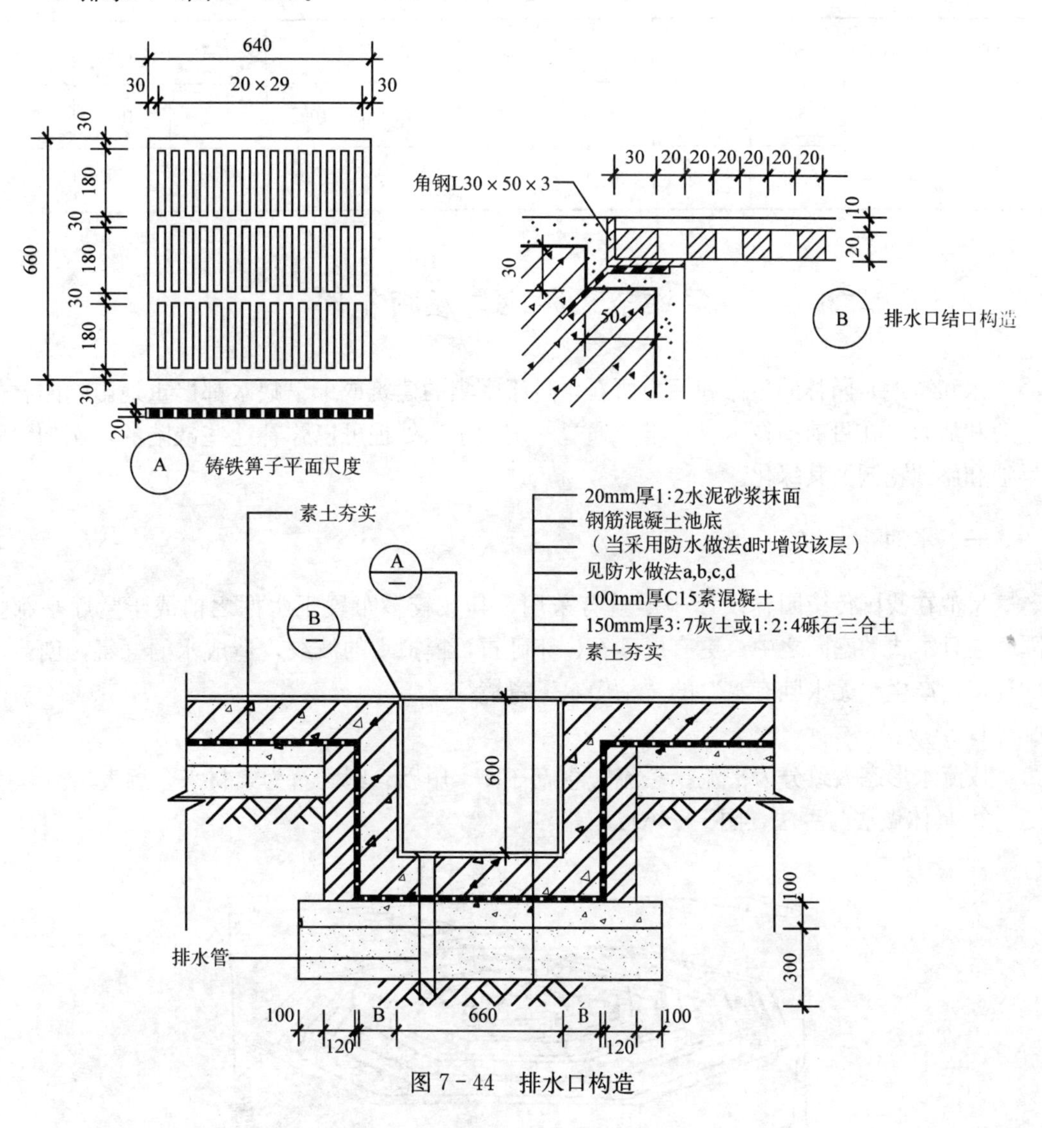

图 7－44　排水口构造

5. 溢水口（图 7－45）。附溢水口翼环尺寸表（表 7－2）。

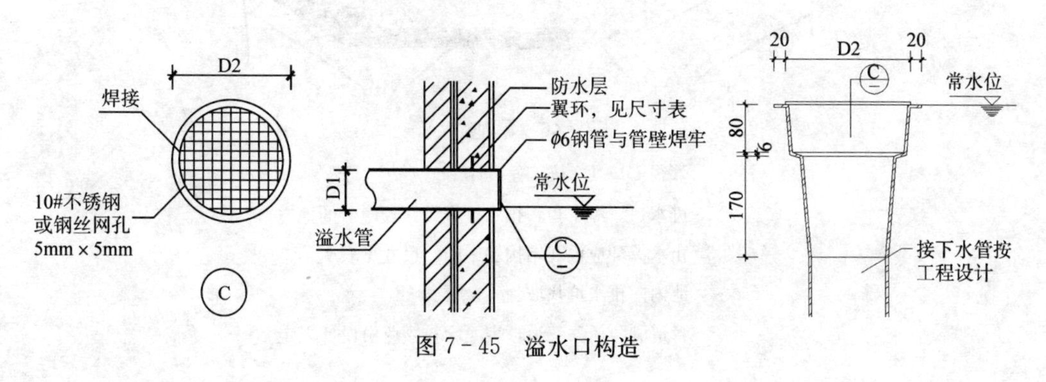

图 7－45　溢水口构造

翼环尺寸表（单位：mm） 表 7-2

D1	33.5	38	50	60	73	89	108	133	159	219
D2	35	39	51	61	74	90	109	134	160	220
重量 kg	0.24	0.26	0.30	0.34	0.38	0.44	0.98	1.13	1.29	2.66

第四节 旱池与屋顶花园

水和绿地是园林的生命和活力所在，过于密集的建筑或干旱缺水都严重地影响园林的生命和活力。在目前的技术条件下，通过一定的手法处理可以弥补这些缺陷的，例如设置旱池和屋顶花园及其绿化。

一、旱池

旱池在我国传统园林设计中早就有采用，其被较多布置于水榭之前或于堂厅亭廊之隅。在日本式的庭园之中，更有以砂石、卵砾石，模拟水的波纹，造成水的气氛，创造水的环境，产生“无水胜有水”的“枯山水”意境。

1. 形成：

按流水形态大致分为平流、缓流、急流三种。用砂、卵砾石为素材来会意表达。

2. 具体做法与手法（图 7-46）：

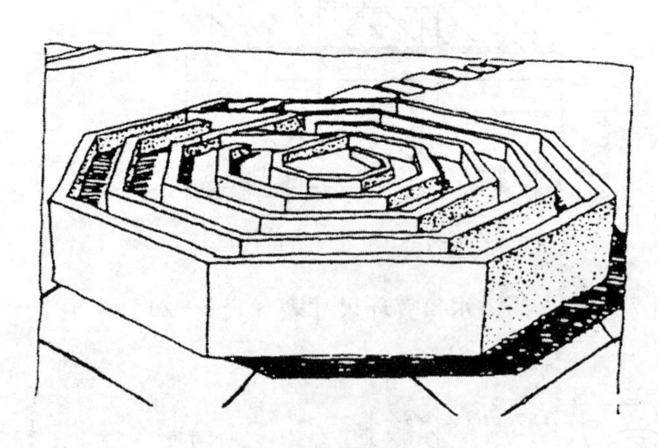

图 7-46 旱池之一

注：1. 管径 D1、D2 按工程设计。

2. 进水口、溢水口、排水坑宜设在较隐蔽的地方。

3. 止水翼环应设在结构层中间，尺寸见表 7-2。

4. 池内向排水坑找坡。

5. 管道刷防锈漆三道，表面涂料颜色由设计人定。

实——铺砂用木耙划上水的纹样，厚度≥50mm。其立意犹如海滨沙滩，实中有虚（图 7-47）；

图 7-47　铺砂纹样

虚——抽象的水，图像化的水（图 7-48）；

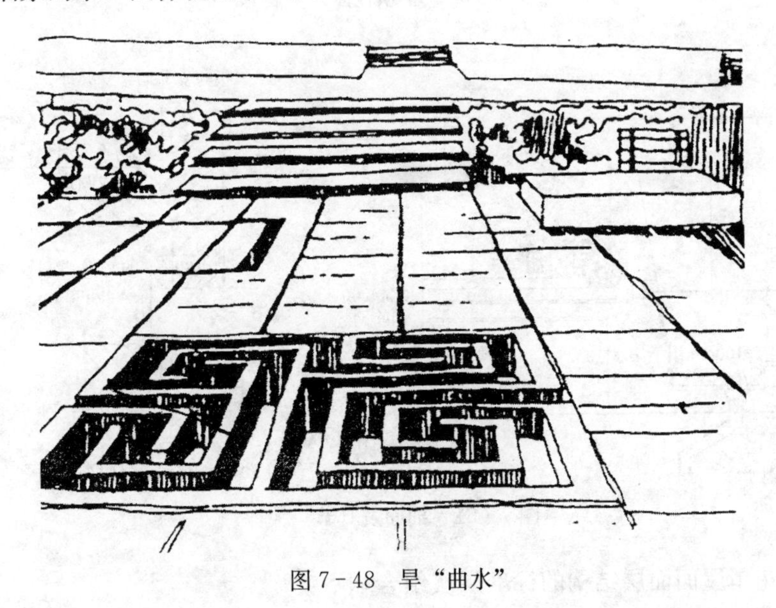

图 7-48　旱“曲水”

配景——石菌、石茹、石树桩、假山、石桥、绿化等（图 7-49）。

图 7-49　石菌、石茹、石树桩

二、屋顶花园与绿化

设计关键在于减轻屋顶荷载、改良种植土、排水设施、植物的选择与种植设计、屋顶结构选型、防水与水景工程及水电设计，参见图 7-50、图 7-51。

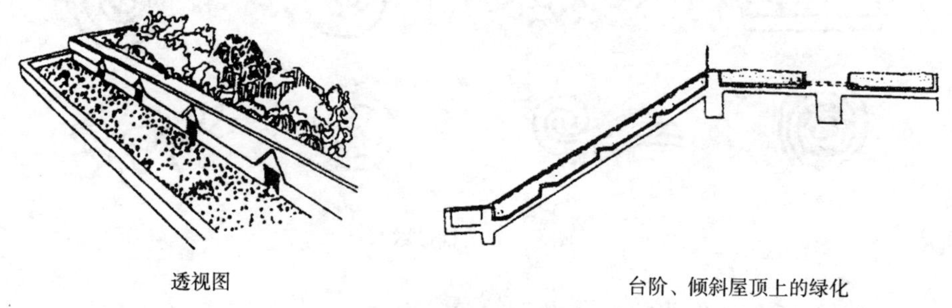

图 7-50　屋顶花园及其构造

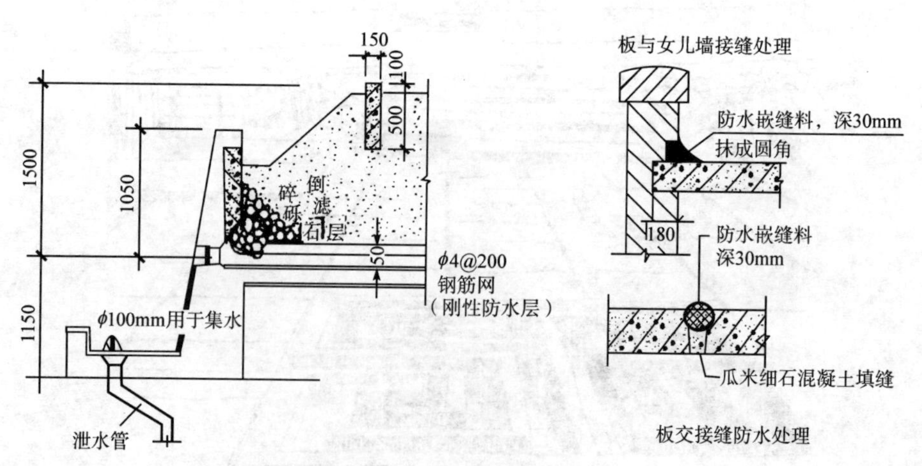

图 7-51　剖面及其节点大样

1. 屋顶花园屋面面层结构的标准层次组合如下：

人工种植的草坪、花卉、灌木、乔木等（含人造草皮）；

排水口及种植穴，管线预留与找坡；

人工种植、灌溉设施、喷头及景置石；

过滤层——防止种植土内细小粒料流失，以致堵塞排水系统。多用下班纤维布或粗砂（厚 50mm）；

排水层——陶粒、碎石、轻质骨料厚 200mm～100mm 或厚 20mm 砾石划开厚 50mm 焦渣层；

防水层——油毡卷材、三元乙丙防水布。

找平层——粗砂细石混凝土；

保温隔热层——加气混凝土 600N/m^2、蛭石板、珍珠岩板、泡沫混凝土、焦渣；

找平层——与屋面整筑层结合；

现浇混凝土楼板或预制空心楼板。

2. 屋顶荷载与屋顶结构选型

为减轻屋顶荷载，一方面要注意屋顶结构选型，减轻结构自重和结构自防水问题，另一方面就是减轻屋顶所需“绿化材料的自重”，包括排水池层的碎石改成轻质的材料等。当然上述两步若能合并成一步，使屋顶建筑的功能与绿化的效果完全一致起来，既能隔热保暖，又能减缓柔性防漏材料的老化，那就一举两得了。

目前，屋顶结构与防水构造有“刚”、“柔”之分，各有特点。刚性防水层：主要是在屋面板上铺筑 50mm 厚细石混凝土，内中放 φ4@200 双向钢筋网片一层（此种做法即成整筑层），但对绿化来说，更欢迎采用柔性防水层。近来已投入屋顶施工的有“三元乙丙防水布”使用效果不错。国外也有采用中空类的泡沫塑料制品作为绿化土层与屋顶之间的良好排水层和填充物以减轻自重，也有用再生橡胶打底，加上沥青防水涂料，粘贴厚 3mm 玻璃纤维布，作为防水层的，这样更有利于快速施工。

目前，国内多采用下列做法：

1）活动预制盆栽式：机动性大，布置灵活，又可拆卸，便于作为旧房屋顶绿化的过渡。

2）固定现砌花坛式：可按植物生成所需各种不同的土壤厚度，砌成高低不等的立体式花坛。如土壤可连成片保水肥性能和隔热保温性能更优于前者，目前被较多单位采用。

3）屋顶花园式：是屋顶绿化中的最高级形式，设有树、花坛、草坪并配有建筑小品、水池花架、亭、桌椅等。故此种形式，又称之为“屋顶庭园式”。大树花坛等作为集中荷重常布置于柱顶或主梁上。

4）屋顶养鱼池式：屋顶面积大部分砌为浅水池，也能起到前述的作用，所用材料更趋向柔性了。有起伏处可填塞空箱架空，以卸自重（图 7－52）。

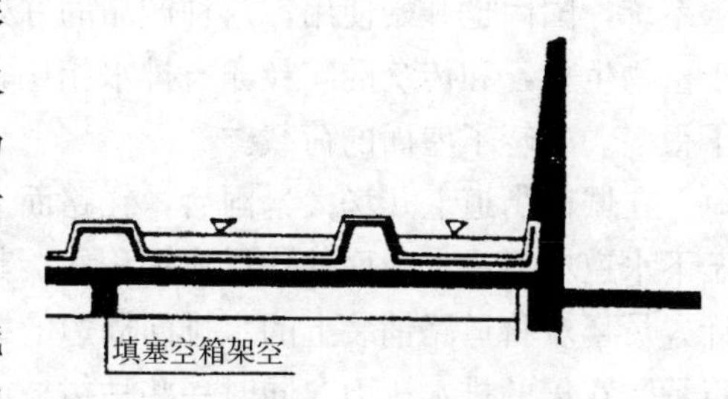

图 7－52　屋顶水池

3. 对屋顶绿化的植物根系阻拦

植物根系阻拦材料并不是最先在花园屋面上得到应用的，即使是在仅有防水层或包括压制层的屋面上，由于空气的流动作用导致一些植物的种子飘落到屋面上，在一定的条件下，植物也能顽强的生长，其后果导致植物根系穿透防水层甚至结构层，从而使整个屋面系统失去作用。

在花园屋面上，由于土层的存在，产生了更有利于植物生长的环境。中国有句俗话“种瓜得瓜，种豆得豆”，但用在花园屋面上却有失偏颇。其他的一些外来植物一般都较预先铺设的屋顶绿化植物更具生命力，它们会不断侵蚀这些植物的领地。

另外，如果认为草类植物的根系不够发达或强度较差，就会走入另一个误区。草类植物的根系相当发达并且穿透力较强，对防水层及结构层的破坏不亚于灌木和乔木。

植物如果在无下部结构的自然土的生长环境下，植物的根系可按自然规律生长而不受其他条件的限制。而当在建筑物的结构层上进行园林建设时，就必须引导和限制植物根系的生长，其必要性在于：

1）防止植物根穿透防水层而造成防水功能失效。

在屋面结构层上进行园林建设，由于排水、蓄水、过滤等功能的需要，屋面种植结构层远比普通自然种植的结构复杂，而防水层一般处于最下面一层。一旦防水层被穿透而进行维修，将导致运作良好的其他各层被同时翻起，增加不必要的维修费用。同时，维修过程中所需材料、机具的搬运及运输也会影响建筑物的正常运作，建筑物所有者为保持清洁和形象而导致的间接损失会相等大。

2）防止植物根穿透结构层而造成更为严重的结构破坏。

在没有植物根系阻拦措施的情况下，屋面所种植物的根系会扎入屋面突出物（如电梯井、通风孔等）的结构层和女儿墙而造成结构破坏。这种破坏一方面比前一种情况增加更多的维修费用，另一方面这种破坏如不及时补救，将会危及整个建筑物的使用安全。

因此，从经济和安全角度考虑，植物根系阻拦层的设置对于花园屋面的建设是不可或缺的，如果忽略植物根系阻拦层的设置，将造成因小失大的严重后果。

4. 屋顶迅速排水至关重要。

提到屋顶绿化的排水方式，至关重要的原则就是利用整个屋面现有的排水系统，无论设计中使用的是排水沟、雨水斗、落水系统还是虹吸排水，在设计中都尽量不要破坏屋面排水的整体性，尽量避免地表径流的方式排水。如德国现在广泛使用的是塑料制品的蓄排水系统，国内也开始使用，这种产品的好处就是排水迅速，在屋面上不会形成积水，有利于植物生长，和传统的陶粒卵石排水相比，不但排水层厚度减小了，而且重量方面也减小了很多，减轻了屋面的荷载。

在城市街道上几场大暴雨后，在路面上经常可以看到很多地方都有积水，往往都是由于下水道堵塞或者地面低洼形成了积水，其实在屋面上同样存在这样的问题。很多时候设计人员喜欢将道路铺装上的水排向周边的绿地，如果遇到暴雨的时候，绿地上的排水系统将承受双倍的排水压力，同时一些枯树枝或落叶等还容易堵塞排水口。同样道理，如果降雨不能迅速排掉必将屋面变成一片汪洋，这也是为什么很多时候建议采用整体铺装屋顶绿化系统会更有利于排水通畅的原因。

对于屋檐设置的落水和虹吸式排水稍微会复杂一些，需要计算屋顶排水量和汇水面积，以便检验屋面排水系统是否可以承受暴雨的考验。参照《建筑给排水设计手册》，北京地区降雨历时 5min 的暴雨强度（$L/100m^2 \cdot s$），（以及工业企业特征 p 的取值，即建筑物的复杂程度和用途)，选 p=5 的情况可以计算出北京地区 100m^2 最大暴雨 5min 的水量为 1518 升，设计人员参照所选用的蓄排水产品的排水量进行计算，检验所选用的产品是否能够满足要求。

纵观国内的排水产品，多数产品只有排水功能而没有蓄水功能。其实对于屋顶花园来说，蓄水能力和排水能力同样重要，因为暴雨是对屋顶绿化系统的最大考验，足够的蓄水能力可以减小暴雨对屋面排水系统的巨大压力，同时还可以储存一部分水分供给植物，所以设计师可以选择一些具有良好排水性并且能够储存一部分水的排水系统。

5. 自然原土不能用于屋顶绿化

在很多屋顶绿化项目中经常会有业主从节约成本的考虑，要求使用自然原土作为屋顶绿化的基质材料，而自然土壤根本不适用于屋顶绿化。

自然土壤的荷载过大，达到 1800kg/m^3。以 10cm 土壤层计算下来 1m^2 土壤荷载就是 180kg，在屋面宝贵的荷载范围内就占据了很大的比例。而火山岩土壤完全保水之后的容重只有 500kg 左右，同样以 10cm 的厚度计算 1m^2 荷载只有 50kg。自然土壤颗粒细密，密实度大，如果遇到自然降雨，雨水很难迅速进入土壤，更别说可以渗透到下面的蓄排水系统中，本来希望看到的整体排水又变成了地表径流。

现在屋顶绿化专用的土壤已出现了很多种，比如：腐殖土加入陶粒、火山岩土壤等等。原则上都是使用轻质的人工基质加入一些直径在 5～8mm 左右的轻质颗粒物，比如常见的粘土砖破碎的颗粒、蛭石、膨胀珍珠岩、硅藻土颗粒等，目的就是增加基质层中的空隙率，加快水的渗透速度，同时减轻屋面荷载。

6. 屋顶绿化土壤的改良和轻质排水介质层设置。

1）稻壳灰加园泥：烧过的稻壳灰（干重度 1kN/m^3）是良好的通气透水材料，并含有钾肥，可与园泥（山泥）掺合使用。

2）发酵的木屑，干重度 2kN/m^3～3 kN/m^3 发酵制成，其重度为 4 kN/m^3，到水饱和时重度为 10 kN/m^3，比之一般园土 16 kN/m^3 要轻很多。

3）轻质栽培介质（图 7－53)：土壤与轻质栽培质（蛭石、珍珠岩、煤渣、泥炭）的体积比一般为 3：1，重度为 14 kN/m^3，厚度≥150mm。

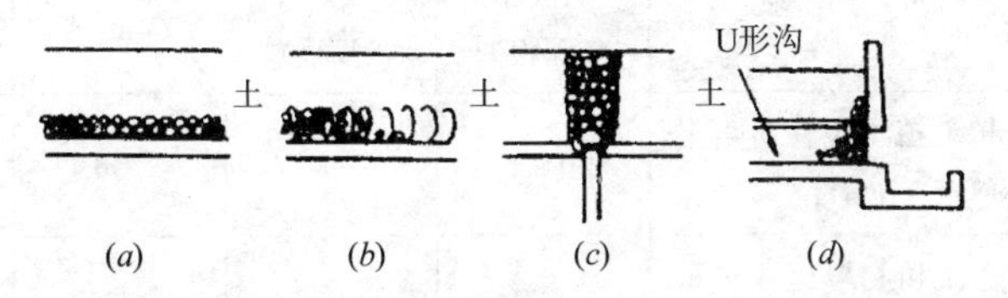

图 7－53　屋顶排水层与泄水孔（沟）的做法

(a) 人工种植土底面用砂、砾石、珍珠岩等修建排水层；(b) 渗透水汇合用的蛇笼方式；
(c) 随处设置浅水孔排水；(d) U 形沟的倒置方式

(1) 煅烧蛭石：干重度 0.8kN/m^3～1.2 kN/m^3，加热到 1000℃，喷洒冷水，体积扩大变成晶格状的结构，即成燃烧蛭石，其有一定保肥能力，但易风化并有微酸与微碱之分。

(2) 燃烧珍珠岩：干重度 1 kN/m^3，粒小而轻。经加热到 1000℃即成白色多孔轻质的

"煅烧珍珠岩"。结构稳定，不易破碎，是良好的轻质排水通气的材料。

4）屋顶绿化对植物的要求。

（1）树种与根深：深根类为900mm左右；中根类750mm左右，浅根类500mm左右（图7-54）。选择喜光、温、矮壮、枝叶茂密、根系发达植物。

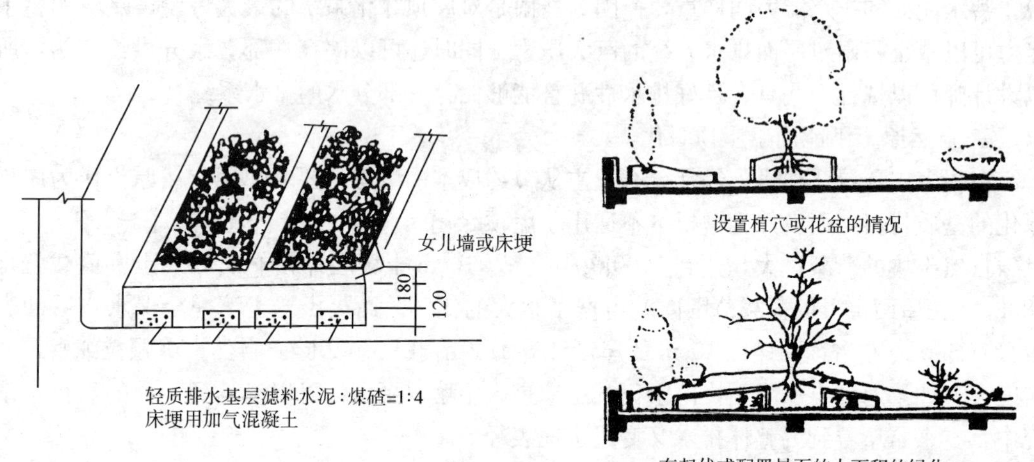

图7-54　屋顶花园植物种植

（2）植物对屋顶土层厚度的要求：草、花卉、灌木、乔木分别对土层厚度的最小要求分别为150mm、450mm、600mm、900mm（图7-55）。

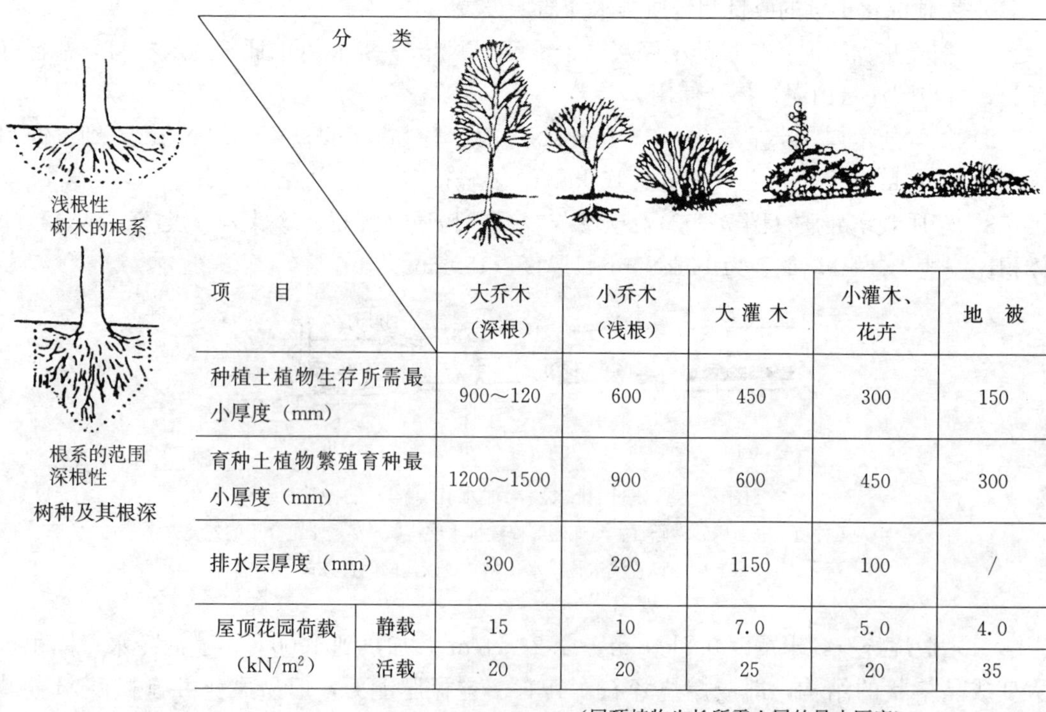

分类 项目		大乔木（深根）	小乔木（浅根）	大灌木	小灌木、花卉	地被
种植土植物生存所需最小厚度（mm）		900～120	600	450	300	150
育种土植物繁殖育种最小厚度（mm）		1200～1500	900	600	450	300
排水层厚度（mm）		300	200	1150	100	/
屋顶花园荷载（kN/m²）	静载	15	10	7.0	5.0	4.0
	活载	20	20	25	20	35

（屋顶植物生长所需土层的最小厚度）

图7-55　植物对屋顶土层厚度的要求

(3) 排水坡度：有利于植物生长与排水，屋面坡度以1%～3%为宜，结合结构找坡。

(4) 施肥：全用无机肥，常用营养液配方：化肥加水成为0.1%～0.5%营养液，以薄肥多施为主。

7. 屋顶绿化

四季常青，三季有花，一季有景。

1) 孤赏树：乔木为主，多用南洋杉、龙柏紫叶李、龙爪槐；

2) 花灌木：梅、桃、樱、山茶、牡丹、榆叶梅、火辣、连翘、海棠；

3) 地被植物：草木和蕨类植物，南方选用天鹅绒草、马尼拉草、台湾草、麦冬草，而北方选用结缕草、野牛草、狗牙根、麦冬草；

蕨类品种：南方多选用石长生、海金砂、凤尾草、马蹄蕨、绒蕨；

4) 藤木：是垂直绿化的好品种，有紫藤、凌霄、络石、爬山虎（地锦）、常春藤、葡萄、金银花、木香、炮仗花等；

5) 绿篱：分隔空间兼作喷泉背景，有黄杨、珊瑚树、冬青、女贞、三角花、小檗、枸骨、木椹、黄刺梅；

6) 抗污染的树种：改善灰尘与有害气体对环境的污染，如桑叶、合欢、皂荚、木槿、无花果、园柏、广玉兰、棕榈、夹竹桃、大叶黄杨等。

8. 屋顶花园的发展前景

屋顶花园是建筑与园林艺术的合璧，是人类与大自然的有机结合。城区屋顶花园在保护城市环境生态上起的作用是不可忽视的。据科学测定，一个城市如果把屋顶都利用起来进行园林绿化，那么这个城市中的二氧化碳较之没有绿化前会降低85%。除了具有环境生态功能，屋顶花园还能改善屋顶眩光、美化城市景观（城市第五立面）、增加绿色空间与建筑空间的相互渗透，并具有隔热和保温效能、蓄雨水等作用。在土地资源奇缺的现代都市之中，屋顶花园的园林形式还是充分利用空中空间、增加可视绿量、节约土地、开拓城市空间、“包装”建筑物和美化都市的有效途径之一，这些优势使屋顶花园成为当代城市园林景观的一种重要形式。

现代社会随着建筑材料、建筑设备以及园艺学的不断发展，屋顶花园的建造技术日渐成熟。因此，建筑师在屋顶花园设计上获得了更广阔的前景。

第八章　花　　架

花架源于葡萄园中将葡萄树藤支承在高于人们头顶上像椽子一类的构架。它一方面使人们容易够得着成熟的果实；另一方面也使得葡萄树得到光照和遮阴的生长条件（见图8-1）。而现在景观中所设置的花架除了有以上作用外，则更多的趋于景观视觉的需要。其材料往往选用石砌的和砖砌的支承构件作为竖向结构，也有用木结构作为主构件，前者耐久性好，强度大，而后者更为人性化。本章着重对木构造的花架进行阐述，介绍较为典型的施工做法。

图8-1　木花架典型样式

一、花架的构造样式

花架一般构造形式可归为以下几种方式：

1. 在跨于两墙之间建造的花架样式；
2. 支承在两墙之间或支承于墙顶上的花架样式；
3. 用柱墩支承的独立结构的花架样式；
4. 以木柱、木梁为框架的结构样式；

5. 用独立的金属框架为主的结构样式。

二、花架的尺度

1. 花架的高度

控制在2.5m～2.8m，以使其有亲切感。一般多用2.5m、2.7m。

2. 花架的开间和进深

开间一般设计为3m～4m之间，太大会显得较为笨拙、臃肿。进深（跨度）通常用到2.7m、3.0m、3.3m，这样既能保证功能的要求，又能较为经济、合理。

三、花架的结构与构造

1. 竹、木花架的构造

竹木花架作为景观元素较为常见。以木材作为主材来构建花架颇具亲和力，并与周边景观更易协调，与自然景物相得益彰。构筑竹木花架时，应注意地基、柱体、椽与柱的连接这三个重要部位的处理。

1）地基处理的几种方式

（1）内置基座式地基

基层用C20混凝土垫实，避免柱体下沉，基层厚度一般为100mm，基座大小根据柱体而定。柱体放入桩洞后用混凝土浇注（见图8-2）。

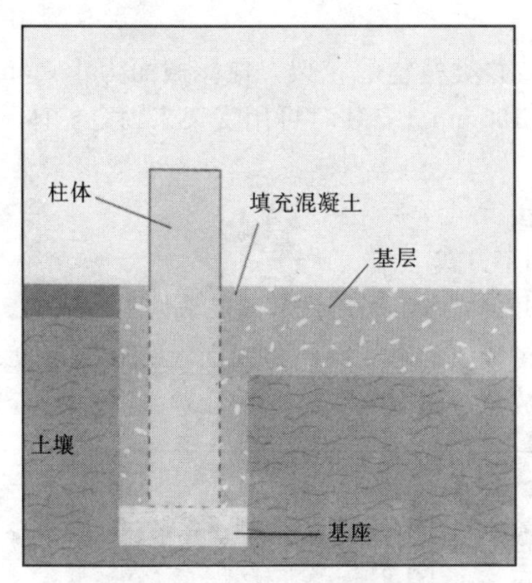

图8-2　内置基座式地基

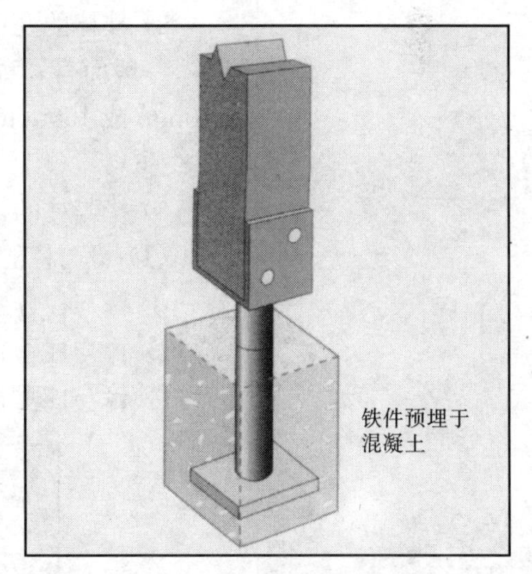

图8-3　预埋式地基

（2）预埋式地基

基层为现浇混凝土，在立柱处预埋铁件甩头，选择适当的预制连接件将木柱固定（见图8-3）。

（3）埋桩式地基

放线定准柱体位置后，打桩做基础与基层相连，将柱体置于桩上与基层通过预制件来固定（见图8-4）。

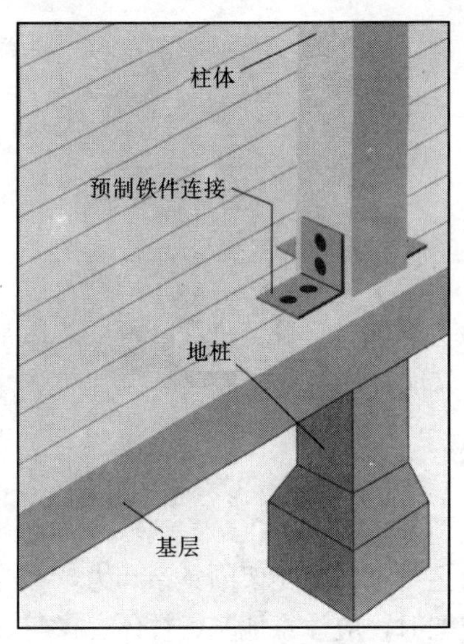

图 8-4 埋桩式地基

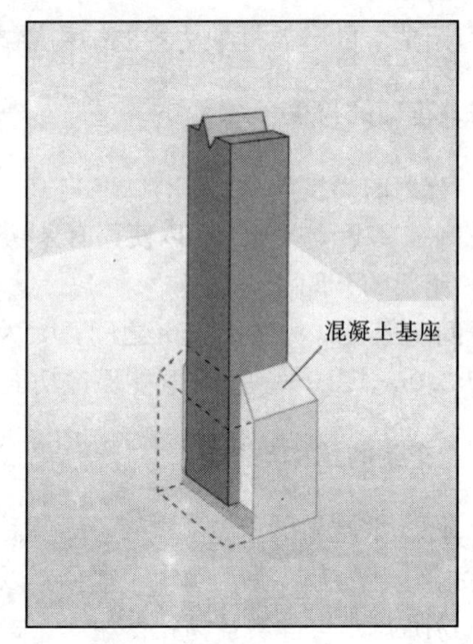

图 8-5 外露式地基

(4) 外露式地基

柱体立于基层上，用混凝土包裹柱体并与基座相连，基座外露。这种柱桩外露的方式适宜于较为潮湿的地区，有利于保护柱体的结构，特别是木制柱体（见图 8-5）。

2) 柱体的处理

一般而言，种植藤类植物的花架，柱体截面为 100mm×100mm 或 150mm×150mm。安装时可用支架来固定柱体（见图 8-6）。

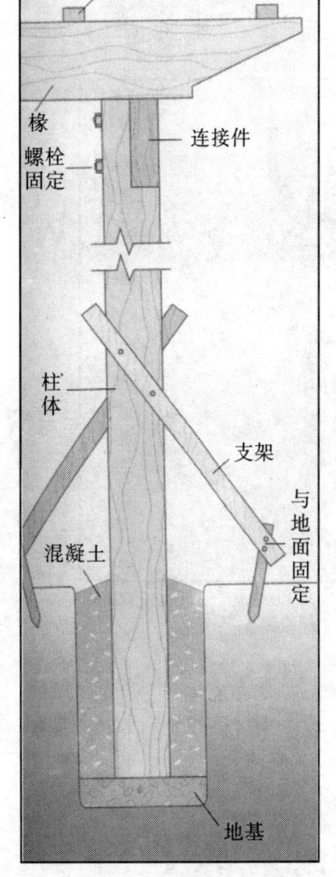

图 8-6 柱体连接方式

3) 椽与柱的连接

(1) 椽与柱的固定方式

① 椽与柱分别开楔槽各半，用铁钉固定（见图 8-7a）。

② 椽与柱垂直搭接放置用 T 型铁件固定（见图 8-7b）。

③ 椽与柱垂直放置，两侧分别用木块固定（见图 8-7c）。

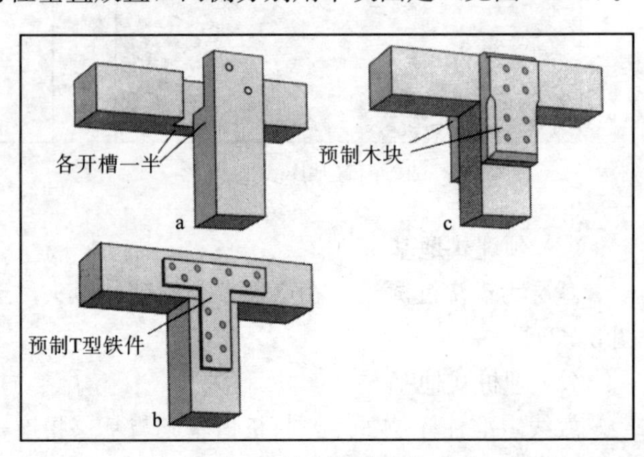

图 8-7 椽与柱的连接方式

(2) 椽与柱的组合方式（见图 8－8）。

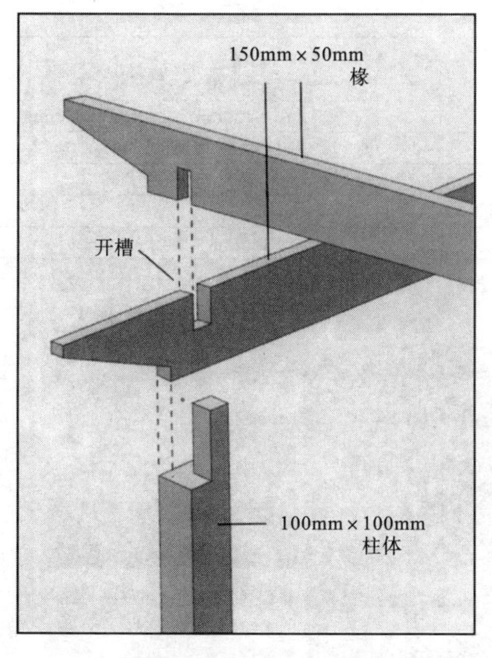

图 8－8　椽与柱组合方式

4) 地基、柱、椽之间的连接方式（见图 8－9）。

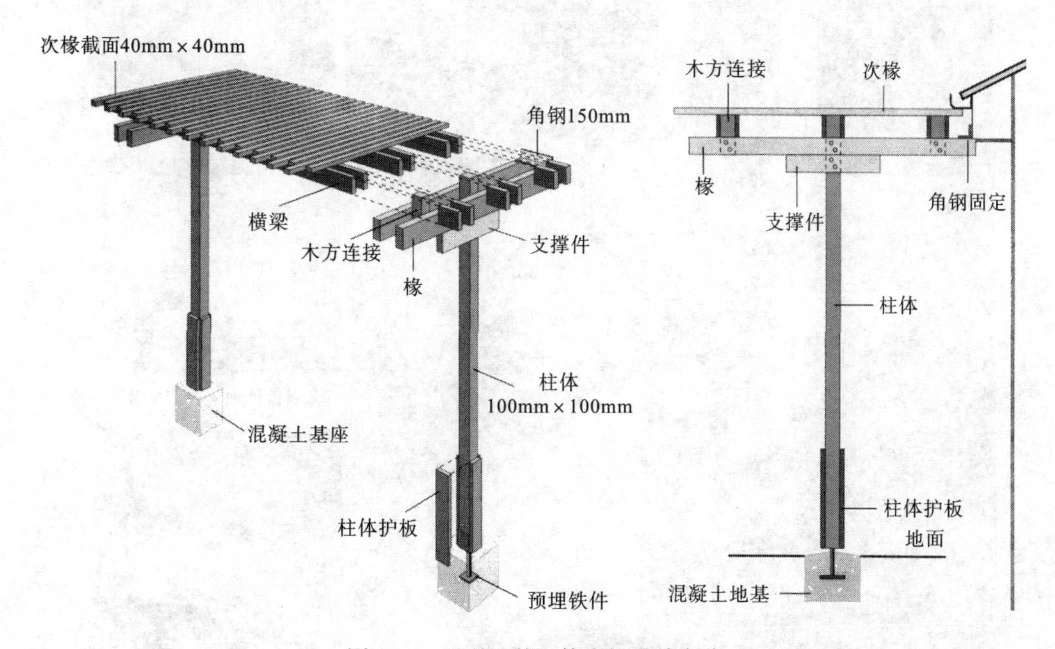

图 8－9　地基、柱、椽之间连接方式

5) 竹、木花架构件截面尺寸选择参见表 8－1。

竹、木花架构件截面尺寸 **表 8-1**

项目 \ 类别	竹架	木架
截面估算	$d=\left(\frac{1}{30}\sim\frac{1}{35}\right)L$	$h=\left(\frac{1}{20}\sim\frac{1}{25}\right)L$
常用梁尺寸	$\phi100\sim\phi70$	50～80mm×150mm，100mm×200mm
横梁	$\phi70$	50mm×150mm
挂落	$\phi30$，$\phi60$，$\phi70$	20mm×30mm，40mm×60mm
细部	$\phi25$，$\phi30$	
立柱	$\phi100$	140～150mm×140～150mm

6）木花架施工流程见图 8-10。

图 8-10 木花架施工流程（一）

5 将椽置于柱体上，用预制铁件固定

6 铁件将柱体与椽相连，为稳固起见，可用木板成三角状固定柱与椽

7 椽上继续安装铁件，用来连接横梁

8 测量尺寸，修改横梁

9 安装横梁，用铁件固定

10 横梁上安装木格栅，并局部调整，花架安装即告完成

图 8-10 木花架施工流程（二）

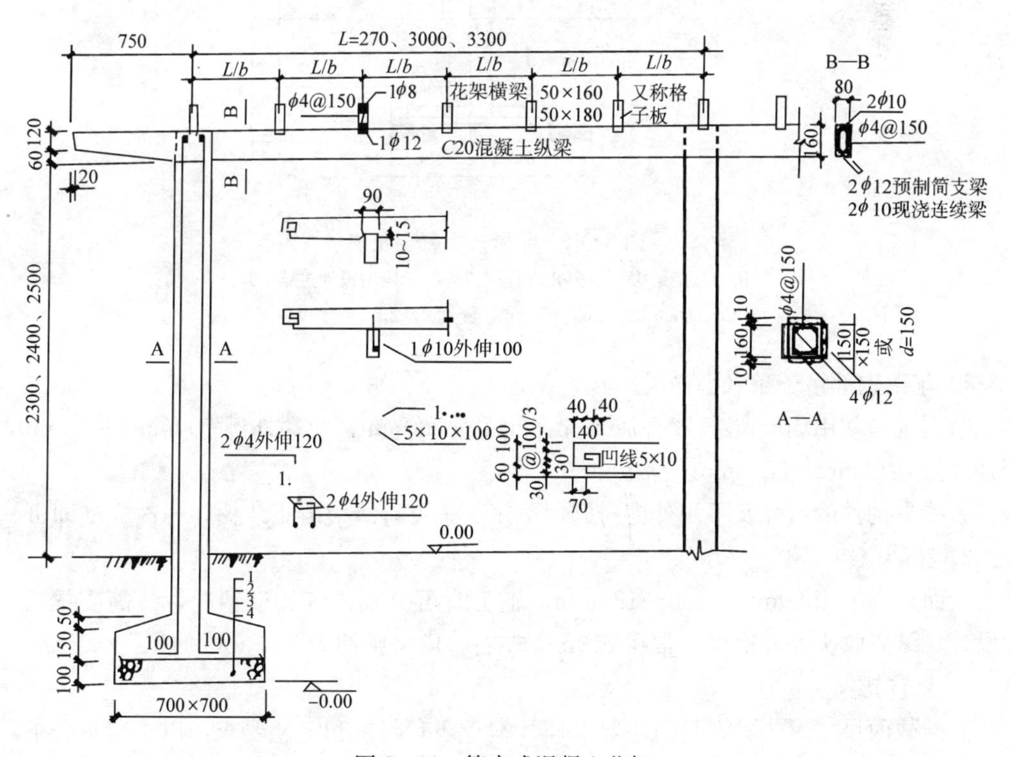

图 8-11 简支式混凝土花架

注：1 C15 素混凝土基础；2 配底筋双向 φ10@200；3 70mm 厚碎石，30mm 厚 C7.5 混凝土找平；4 素土夯实

2. 混凝土花架构造

混凝土花架使用广泛，耐久、经济，现浇、装配均可。花架负荷一般可按 0.2－0.5kN/m² 计。可按景观建筑艺术要求选定截面，再按简支或悬臂支承方式来验算截面高度（h）：

简支：$h \geqslant L/20$（L—简支跨径）（见图 8－11）；

悬臂：$h \geqslant L/9$（L—悬臂长）（见图 8－12）。

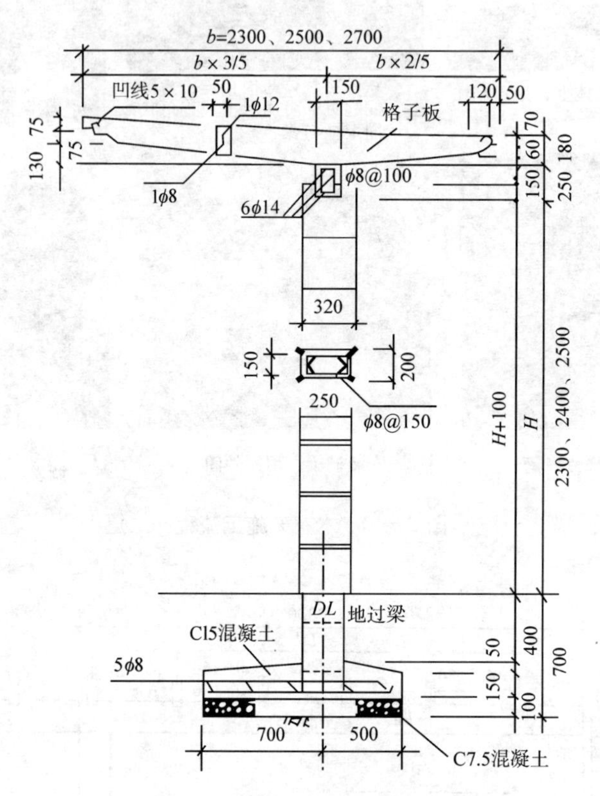

图 8－12 悬臂式混凝土花架

注：当花架跨数不多并成直线排列时，应增设地过梁 DL

DL：250mm×150mm，配筋 4ϕ12，ϕ8@150

1）花架上部格子条（小横梁）

断面选择常用 50mm×120～160mm，间距@500mm，两端外挑 700mm～750mm，内跨径多为 2700mm、3000mm 或 3300mm。

为减少构件的尺寸及不用外饰粉刷，可用高强度等级混凝土浇捣，一次成型即可。

2）花架（纵）梁

断面选择常用 80mm×160～180mm，施工时可分别视其构造情况，按简支梁或连续梁设计。纵梁收头处外挑尺寸常在 750mm 左右，内跨则约为 3000mm。

3）悬臂挑梁

挑梁截面尺寸形式除满足前述要求外，本身还有起拱和上翘要求，以求得最佳的视觉效果。一般起翘高度为 60mm～150mm，具体视悬臂长度而定。搁置在纵梁上的支点可采用 1～2 个（见图 8－13）。

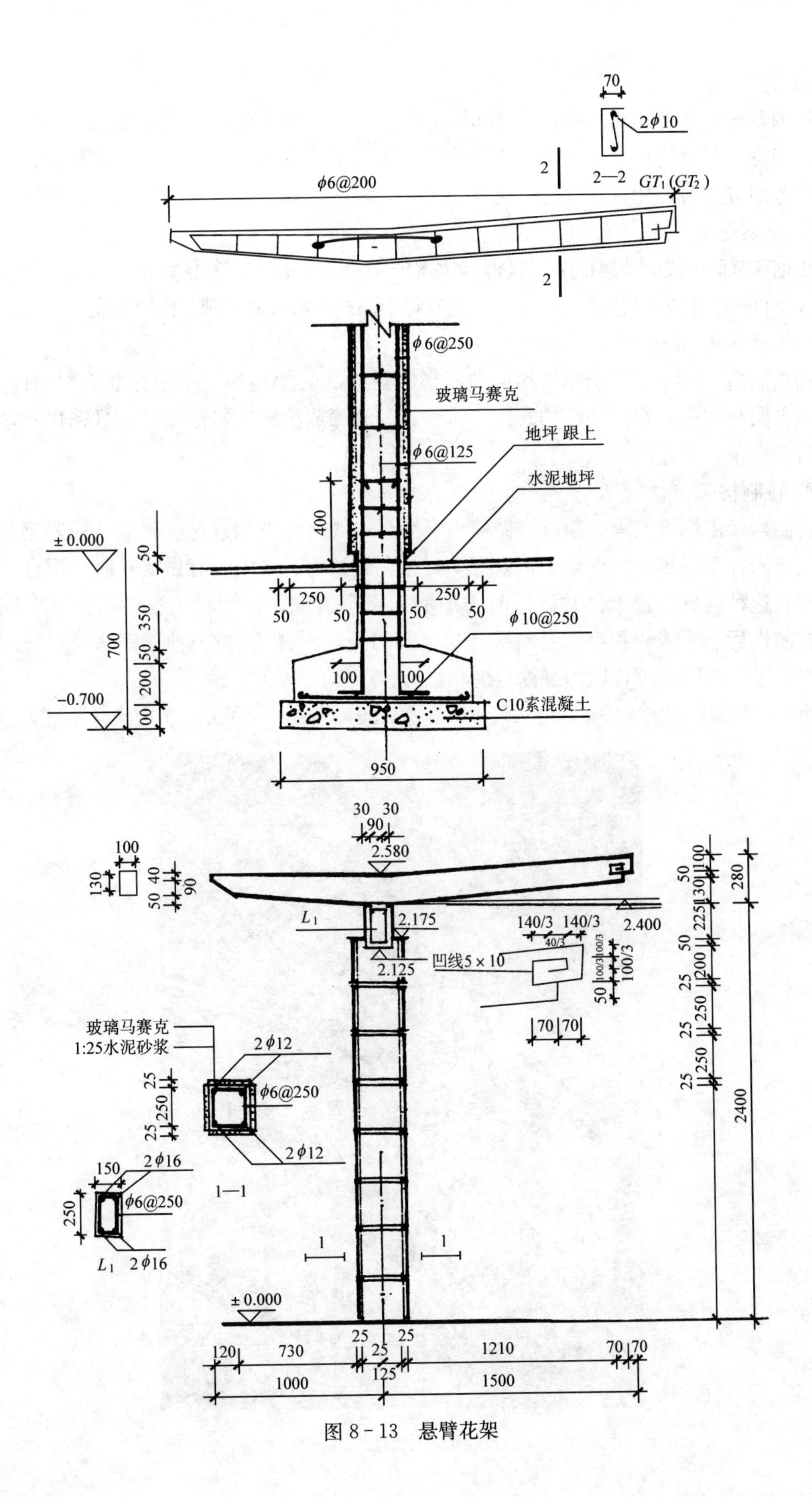
70
2ϕ10
2
2—2
GT1(GT2)
ϕ6@200
2
ϕ6@250
玻璃马赛克
地坪 跟上
ϕ6@125
水泥地坪
400
±0.000
50
250
250
50
50
50
50
ϕ10@250
350
700
50
100
100
200
−0.700
C10素混凝土
950
30 30
90
2.580
100
130
40
90
50
L1
2.175
2.400
140/3
140/3
40/3
2.125
凹线5×10
玻璃马赛克
1:25水泥砂浆
2ϕ12
ϕ6@250
2ϕ12
25
250
25
150
2ϕ16
250
ϕ6@250
1—1
L1
2ϕ16
1
1
±0.000
280
2400
120
730
25
25
25
1210
70
70
125
1000
1500

图 8-13 悬臂花架

4）混凝土柱

柱的截面一般控制在150mm×150mm或150mm×180mm，若用圆形截面d=160mm左右，现浇、预制均可，考虑造型更为宜人，惟截面形状以海棠形及小八角形为佳。当设计的柱截面较大时，用双柱代之，可化粗为细，柱间再设混凝土花饰以加强视觉效果。

3. 金属花架

用钢管截面构成的金属框架可以得到比木框架更高的强度，其各种部件连接可以采用焊接。这样的构造既防火又更为牢固，可建造在城市园林中的公共区域，使用在强度更高的部位。

1）成套的标准构件

栅栏制造厂商在工厂预制专用的曲线形和矩形的藤架构架，采用标准装配构件装配、以供城市园林使用，它的钢格构式构件有镀锌、涂漆或涂饰塑料涂层的，且采用不锈钢紧固件将各个单元件连接起来。

2）特制构架

特制构架由钢管支承，顶端与做成矩形平台式的上部框架连接。钢筋、拉紧钢丝、预制梁或松木杆则搭接在顶框架上，以支承爬藤类的植物。采用钢管做支柱时常配合使用木顶框架，这种构造设置于公共区域时必须增加安全措施。在园林工程中的室外钢结构工程，在制作后必须镀锌和涂塑料涂层（与链环的处理一样）。另一种镀锌涂层要采用“媒染剂”在工厂进行处理，以加强涂料的粘结力。

也有钢制品采用粉末涂层，经火烧形成瓷漆表面，均由工厂预先加工完成（见图8-14）。

图8-14　钢制花架（一）

图 8-14　钢制花架（二）

附录 1

石材的相关知识

一、天然石材的种类

天然石材指从天然岩中开采出来，并经加工成块状或板状材料的总称。建筑装饰用的饰面石材主要有大理石和花岗石两大类。

现今常用的石材种类分为四大类：沉积岩、变质岩、火成岩和人造石。

1. 沉积岩

沉积岩是由冰川、河流、风、海洋和植物等有机体中的碎屑脱离出来，经沉积形成岩石矿床，并经过数百万年的高温高压固结而成。

1）石灰石：

主要矿物成分为方解石。矿物颗粒和晶体结构不多见，表面平滑，呈小颗粒状，硬度不一。有些致密石灰石可以抛光。颜色有黑、灰、白、黄和褐色。

2）砂岩：

由石英颗粒（沙子）形成，结构稳定，通常呈淡褐色或红色，主要含硅、钙、黏土和氧化铁。

3）皂石：

由各种滑石形成，质很软，属耐磨的致密矿，不易产生污迹。

4）化石：

含海洋贝类、植物天然化石，被认为是石灰石。

5）石灰华（孔石）：

一般是奶油色或淡红色，由温泉的方解石沉积而成。因水流从石头中穿过而形成很多小孔，这些小孔常用合成树脂或水泥填满，否则需要大量的养护工作。属于石灰石和大理石。

2. 变质岩

变质岩是在高温高压和矿物质的混合作用下由一种石材自然变质而成的一种石头。质变包括可能是重结晶、纹理改变或颜色改变。

1）大理石：

是重结晶的石灰岩。石灰岩在高温高压下变软，并在所含矿物质发生变化时重新结晶形成大理石。主要成分是钙和白云石，颜色很多，通常有明显的花纹。含很多矿物颗粒，摩氏硬度在 2.5 到 5 之间。大理石是指变质的碳酸盐岩类的岩石，其主要的化学成分是碳酸钙，约占 50%以上，还有碳酸镁、氧化钙、氧化锰及二氧化硅等。大理石属于中硬石材。

大理石板材的颜色与成分有关，白色的含碳酸钙、碳酸镁，紫色含锰，黑色含碳或沥青质，绿色含钴化物，黄色含铬化物，红褐色、紫色、棕黄色含锰及氧化铁水化物，多种颜色则含有不同成份的多种杂质。纯白色的大理石成分较为单纯，但多数大理石是两种或两种以上成分混杂在一起。各种颜色的大理石中，暗红色、红色最不稳定，绿色次之。白色成分单一比较稳定，不易风化和变色。如汉白玉、大理石中含有化学性能不稳定的红色、暗红色或表面光滑的金黄色颗粒，则会使大理石的结构疏松，在阳光作用下将产生质的变化。加之大理石一般都含有杂质，主要成分又为碳酸钙，在大气中受二氧化碳、硫化物、水汽等作用，易于溶蚀，失去表面光泽而风化、崩裂，所以除少数的如汉白玉、艾叶青等质纯、杂质少的比较稳定耐久的品种可用于室外，其他品种不宜用于室外，一般只用于室内装饰用。又因大理石是中硬度石板，板材的硬度较低，如果在地面上使用，不耐磨耗其磨光面易损失，所以尽可能不将大理石板材用于地面。

大理石饰面板材都是经研磨抛光后的镜面板材，表面光亮如镜，晶莹剔透，质感光洁细腻，所以选用时要主要考虑其表面的色调花纹与室内其他部位的材料之间相互协调。

大理石分为三类：

白云石：菱镁矿（碳酸钙镁）含量40％以上；

镁橄榄石：菱镁矿（碳酸钙镁）含量在5％至40％之间；

方解石：菱镁矿（碳酸钙镁）含量少于5％。

2）板石：

由黏土岩、沉积页岩（有时由石英石）形成的变质岩，矿物颗粒微细，薄而易碎，通常为黑、灰或绿色。

3）蛇纹石：

因其花纹似蛇皮而得名，最常见的颜色为绿色和褐色。摩氏硬度在2.5至4之间。含大量的镁，源于火成岩。重结晶作用和钻石抛光效果有时不佳。

3. 火成岩

火成岩主要由火山材料形成，如岩浆，当地表下的液体岩浆冷却、凝固后，矿物质气体和液体渗入岩石而形成新的结晶和多种颜色。

花岗岩：

主要由石英（35％）、长石（45％）和钾形成，一般为深色。即使含有方解石也非常少。花岗岩质地非常坚硬，比大理石养护要容易，但仍有小孔，并会产生污迹。按照石英、云母和长石的混合比例不同，花岗岩分为不同类型。其主要化学成分是氧化铝和氧化硅，还有少量的氧化钙、氧化镁等，是一种酸性结晶岩石。属于硬石材。

花岗石质地坚硬、耐酸碱、耐腐蚀、耐高温、耐光照、耐冻、耐摩擦、耐久性好，外观色泽可保持百年以上。另外花岗石板材色彩丰富，晶格花纹均匀细致，经磨光处理后光亮如镜，质感强，有华丽高贵的装饰效果。而细琢板材有古朴坚实的装饰风格。

由于花岗石不易风化变质，多用于墙基础和外墙饰面，也用于室内墙面、柱面、窗台板等处。又由于花岗石硬度高、耐磨，所以也常用于高级建筑装饰工程的地面，如宾馆、饭店、礼堂等的大厅。

花岗石板材的表面加工程度不同，产生不一样的表面质感，使用时应予注意。一般镜面板材和细面板材表面光洁光滑，质感细腻，多用于室内墙面和地面，也用于部分建筑的外墙面装饰，铺贴后熠熠生辉，形影倒映，顿生富丽堂皇之感。粗面板材表面质感粗旷，主要用于室外墙基础和墙面装饰，具古朴，回归自然的亲切感。

4. 人造石

人造石是用非天然的混合物制成的，如树脂、水泥加碎石黏合剂。

(1) 水磨石：

大理石和花岗岩碎片嵌入水泥混合物中。

(2) 凝聚石或聚集石：

大理石碎片嵌入有颜色的树脂混合物中。

(3) 文化石或仿造石：

树脂混合物上油漆或与油漆混合，外观似大理石。

二、石材质量的辨别

1. 天然装饰石材

天然装饰石材（即大理石和花岗石）是由天然石材加工而成，所以其质量一方面取决于材料的质量，另一方面还与加工过程有关。质量劣次的石材主要表现在以下几个方面：

(1) **表面的花纹、色调不美观**　作为装饰用石材，人们主要看重的还是其加工后表面的装饰效果。优质的石材表面花纹色泽有的美观大方，有的雍容华贵，有的似行云流水，有的如繁星点点、熠熠生辉使得装饰面具有极佳效果。而质次的石材经加工后表面花纹色泽不美观，不能给人以美的享受。所以石材表面花纹色调是评价石材质量优劣的主要指标。

(2) **加工后板材的外观质量差**　天然石材的表面特色是经过切割、锯切、研磨、抛光等工序后显现出来的。在加工过程中会在石材表面外观上留下一些缺陷（如大理石板材外观的缺陷有：翘曲、裂纹、砂眼、凹陷、色斑、污点、缺棱、掉角等，花岗石板材的外观缺陷有：缺棱、缺角、裂纹、色斑、色浅、坑窝等），若这些外观缺陷超出了有关技术标准规定的范围，即为不合格品。用这些外观质量差的劣次板材进行饰面装饰，其整体装饰效果不会令人满意。所以在判定石材质量时，除考虑花纹色泽外，还必须检查其外观质量。

(3) **规格尺寸的偏差过大**　装饰用石材都是被加工成板材后使用的。施工时采用拼铺（用于地面时）或拼贴（用于墙面时）方法进行。为保证装饰面平整、接缝整齐，国家标准规定了板材的长度、宽度、厚度的偏差以及板材表面平整度以及正面与侧面角度的极限公差。质次的板材因加工时的精确度差，致使其尺寸的偏差超出了国家标准的规定范围。板材铺贴后表面会不平整、接缝不齐，特别是用于立面装饰时，会使装饰面的线形不整齐，影响整体装饰效果。所以板材规格尺寸的偏差也直接影响着石材的使用效果。

(4) **理化性能指标差**　用于装饰的石材常常以其装饰性能（即石材表面的颜色花纹、光泽度和外观质量等）来作为选材的要求，但评价石材质量时除考虑装饰性能外，还应考虑其理化性能质量指标，如抗压强度、抗折强度、耐久性、抗冻性、耐磨性、硬度等。理化性能指标优良的石材在使用过程中能很好地抵抗各种外界不利因素的影响，保证石材装饰面的装饰效果和使用寿命。与之相反，质次的石材理化性能较差，不能保证石材装饰面的使用耐久性。总之，评价石材质量优劣时，应从总体上去评价，既考虑其装饰性能，还应考虑其使用性能。

2. 人造石材

人造石材按生产方法不同分为四类，但实际上应用较多的有两类：聚酯型人造大理石（简称人造大理石）和水泥型人造大理石（俗称水磨石）。因为人造石材重量轻、强度高、耐腐蚀、耐污染、施工方便、花纹图案多样、价格低，所以是理想的装饰材料，应用也很广泛。但是，人造石材的质量也有差异，质次的人造石材常出现以下几种问题：

(1) **花纹图案的装饰性差** 人造石材，特别是人造大理石的花纹图案是仿照天然大理石的花纹图案设计生产的，仿照逼真的人造大理石可有乱真的装饰效果。而质次的人造大理石其表面图案花纹不美观，装饰效果极差。对于水磨石而言，若水泥品种颜色及彩色石子颜色搭配不好，也会影响其表面的装饰性的。

(2) **外观质量不符合要求** 对于人造大理石和水磨石，国家标准也规定了相应的外观要求，并以此划分它们的质量等级。合格的人造石材外观应符合这些要求，而质次的人造石材，其外观缺陷则超出了标准范围，也必将影响饰面的装饰效果。所以外观质量是判定人造石材质量优劣的重要因素。

(3) **规格尺寸不符合要求** 对于制成板材的人造大理石和水磨石，在铺贴时也存在着表面平整度和拼缝整齐度的要求。所以国家标准也规定了它们应该满足的尺寸偏差及平整度要求，以保证整个装饰面的平整和线型整齐。若生产加工过程中，规格尺寸控制不严就会产生质次的人造大理石板材。

(4) **理化性能指标不合格** 同样是作为装饰用的人造石材，选材时往往主要是依据其表面的装饰性能而定，但评价质量优劣时，除考虑装饰性能外，还要考虑其理化性能（如抗压强度、抗折强度、硬度、耐污染性、耐腐蚀性、耐久性等等），这些性能是保证装饰性能常久发挥的必要条件。如聚酯型人造大理石，因其主要粘结材料是有机高分子材料，在实际使用时，特别是在阳光、热、空气等长期作用下会老化变质。对于以水泥为粘结料的水磨石，若生产时养护不好会使板材表面有比较多的孔隙，若在使用时沾上各种污染物，则会被吸收而污染表面，影响美观。

三、成品饰面石材的质量鉴别

对成品饰面石材的质量可用以下四个方法鉴别：

一观：肉眼观察石材的表面结构。一般来说，均匀的细料结构石材具有细腻的质感，为石材之佳品；粗粒及不等粒结构的石材其外观效果较差，机械力学性能也不均匀，质量稍差。另外，天然石材中由于地质作用的影响，常在其中产生一些细纹路、微裂隙，石材最易沿这些部位发生破裂，应注意剔除。至于缺棱少角更是影响美观，选择时尤应注意。

二量：量石材的尺寸规格，以免影响拼接或造成拼接后的图案、花纹、线条变形，影响装饰效果。

三听：听石材的敲击声音。一般而言，质量好的，内部致密均匀且无显微裂隙的石材，其敲击声清脆悦耳。相反，若石材内部存在显微裂隙或细脉或因风化导致颗粒间结构变松，敲击声粗哑。

四试：用简单的试验方法来检验石材质量好坏。通常在石材的背面滴上一小滴墨水，如墨水很快四处分散浸出，即表示石材内部颗粒较松或存在显微裂隙，石材质量不好。反之，若墨水滴在原处不动，则说明石材致密，质地好。在成品板材的挑选上，由于石材原料是天然的，不可能质地完全相同，在开采、加工中工艺的水平也有差别。多数石材是有等级之分的，许多经销者也是按质论价的。为了准确选材，在装修石材时最好到建材产地去选购。

四、石材的规格

石板材有普型板材（正方形或长方形的板材）和异型板材（其它形状的板材）两类。为保证板材铺贴后接缝整齐，国家标准规定了大理石板材规格尺寸允许偏差、平整度允许极限公差、角度允许极限公差。

1. 规格尺寸允许偏差

厚度小于或等于15mm时，同一板材上的厚度允许极限偏差为1.0mm（即可在标准厚度上加厚或减薄1.0mm，超过此值即为不合格品）；板材厚度大于15mm时，同一块板材上厚度允许极限偏差为2.0mm。板材长度和宽度不得超过规定值，但可略低于规定值。测定规格尺寸时，用刻度值为1.0mm的钢直尺测量板材的长度和宽度，用读数值为0.1mm的游标卡尺测量板材的厚度。

2. 平面度允许极限公差

平面度是指板材平面的平整程度，它影响着铺贴石材后整个饰面的平整程度。测量时将符合测量要求的钢平尺贴放在被检测板材的平面的两个对角线上，如板材不平整，会在测量平尺面和板面间出现间隙，可用测量塞尺来测量间隙尺寸。若被检测板材面对角线长度大于1000mm时，用长度为1000mm的钢平尺沿对角线分段检测，以最大间隙的尺寸表示板材的平面度极限公差。

3. 角度允许极限公差

拼缝板材正面与侧面的夹角不得大于90度，异型板材角度允许极限公差由供需双方协商确定。角度是指板材平面上两条邻边间的夹角。普型板材两邻边夹角应90度。测量时用规定的90度钢角尺，将角尺长边紧贴板材的长边，短边紧靠板材短边，用塞尺测量板材与角尺短边之间的间隙尺寸。根据规定分别测量板材的两对角或板材的四个角，以其中最大间隙尺寸作为角度允许极限公差值。

五、石材表面纹理

现今石材有很多类型，石材在订购后即加工为某种类型。以下列出石材表面的六种主要类型：

1. 研磨

表面平整，有细微光泽，可选择不同的光泽度。表面非常平滑但多孔。在人行很多的地方这种表面很常见。因为研磨的板材孔径大，应使用渗透密封剂。一般研磨石材的颜色不如抛光表面鲜明。

2. 抛光

表面有光泽，但经过一段时间使用后就会因行人太多和养护不当而失去光泽。这种表面平滑而少孔。抛光后晶体的反射产生绚丽色彩，显现出天然石材的矿物颗粒，光泽就是来自于石材晶体的自然反射。在生产中使用抛光砖和抛光粉而形成抛光面，光泽不是涂料产生的。

3. 火烧

表面粗糙，在高温下形成。生产时对石材加热，晶体产生爆裂，因而表面粗糙、多孔，须用渗透密封剂。

4. 翻滚

表面粗糙。通过将大理石、石灰石有时还有花岗岩的碎片在容器内翻滚，变成古旧的样子。经常需要使用石材增色剂使颜色更鲜明。

5. 喷砂

用砂和水的高压射流将砂子喷到石材上，形成有光泽但不光滑的表面。

6. 剁斧

通过锤打，形成表面纹理，可选择不同粗糙程度。

六、石材放射性

地球自形成之日起就具有放射性，作为天然产物的石材会有一定放射性。在天然“放射性元素族”中，人们常说的放射能量最大的是铀、钍和镭，其次有钾-40，铷和钯。这6个天然放射性元素是构成地球物质的组成部分，无论是在各类岩石和土壤中，还是在一切江河湖海的水中和大气中，都有不同数量的放射性元素存在。也就是说，我们人类和一切生命所赖以生存的地球的成份中，本来就始终存在着天然的放射性物质。自然界天然存在的低浓度的放射性辐射不但不会危害人类健康，而且已经是大自然平衡系统的组成部分。

1. 通过对天然石材的放射性元素与地壳中的放射性元素的平均含量进行对比，根据其含量的多寡就可以判定各类石材中辐射强度的大小。一般只要不超过地壳中的平均含量就不会对人类健康造成影响。

1）在各种石材中，无论是在陆地还是海洋中都存在着一定数量的放射性元素（微量的）放射性元素；

2）由水（沉积）生成的大理石类和板石类中的放射性元素含量一般都低于地壳平均值的含量（其中只有少量的黑色板石可能稍高于地壳平均值）；

3）在花岗岩类中，暗色系列的（包括黑色系列、蓝色系列和暗色的绿色系列）花岗岩和“浅色系列”中的灰色系列花岗岩，其放射性元素含量也都低于地壳平均值的含量；

4）只有“浅色系列”中的真正的花岗岩类和由火成岩变质形成的片麻状花岗岩及花岗片麻岩等（包括白色系列、红色系列、浅色的绿色系列和花斑系列），其放射性元素含量稍高于地壳平均值的含量。在全部天然装饰石材中，大理石类、绝大多数的板石类、暗色系列（包括黑色、蓝色、暗色中的绿色）和灰色系列的花岗岩类，其放射性辐射强度都小，即使不进行任何检测也能够确认是“A类”产品，可以用于家庭室内装修和任何场合中。

2. 对于浅色系列中的白色、红色、绿色和花斑系列的花岗岩，也不能笼统地认为放射性辐射强度都大，只有在以下几种情况下，其放射性辐射强度才有可能偏大：

1）白色花岗岩类，主要是花岗岩类中的白岗岩。白岗岩是在地下岩浆冷凝的后期阶段生成的，它的主要成分是二氧化硅（即石英），在岩石中高达73%～77%。这种岩石生成的阶段（即岩浆冷凝的后期阶段）恰好也是地下岩浆中的铀、钍、铷、铯、钾等放射性元素相对聚集的阶段。由于放射性元素在地球中的分布都极不均匀，如果恰好遇到某一地区的放射元素分布相对稍多（地质上称为“本底偏高”）时，那么这个地区出产的白岗岩的放射性辐射强度就有可能偏大。

2）红色花岗岩类，含钾的矿物钾长石是红色花岗岩的主要成分，而钾元素中的同位素钾-40（40K）本身就是放射性元素。所以含钾矿物（呈浅粉色、粉红色等）越多，其辐射强度有可能越偏高。此外，在红色花岗岩类中，包括了片麻状花岗岩和花岗片麻岩。这种在距今二、三十亿年前生成的古老岩石中，不仅含钾长石多，而且有时还含一种颜色美丽的（紫红色、酱红色、紫色等）特殊矿物——锆石。锆石矿物中常混有铀、钍等放射性元素，从而在使花岗岩的红色更加鲜艳华贵的同时，也提高了辐射强度，这就是著名的“印度红”和“南非红”辐射强度偏大的原因所在。

3）在浅色系列的绿色花岗岩中有时含一种颜色鲜艳美丽的绿色、翠绿色、蓝绿色的特殊矿物——天河石。天河石本身就是由弱放射性元素钾、铷、铯组成的，因此含有这种矿物的名贵的绿色花岗岩，其辐射强度可能偏大。

4）对于花斑系列的花岗岩，由于常有含钾的矿物和石英等其他矿物组成“大班晶”，构成漂亮的斑状花岗岩，所以其辐射强度也有可能偏大。

由上述可知，在全部浅色系列的花岗岩中，只有“本底偏高”地区的白岗岩、含钾长石矿物多（特别是含钾-40同位素多）的花岗岩、含锆石矿物的（古老）变质岩和含天河石矿物的花岗岩才有可能放射性辐射强度偏大和可能有一定的危害现象。而这一部分花岗岩在全部浅色系列的花岗岩中所占的数量是比较少的（约占20%－25%），所以对大部分淡色花岗岩仍可以认为是安全的。

为什么少量黑色板石的放射性辐射强度也有可能偏大（偏高）呢？这是因为，板石类石材都是由江、河、湖泊、海洋中沉积的泥质岩石变化成的，其中的黑色板石中含有较多的碳质成分。碳质和泥质在水中有较强的吸附力和粘接力，将水中各种方向放射性物质和各种杂质都吸附到自身中，从而使某些黑色板石的辐射强度可能偏大。

我们通常所说的放射性危害主要是指放射性元素衰变过程中产生的“氡”。氡是一种放射性气体，如果人长期生活在氡浓度过高的环境中，经呼吸道沉积在肺中，尤其是气管、支气管中，并大量放出放射线，从而危害人类健康，自然也有极少的情况是由于石材本身的放射性而直接影响人体健康的。而“过高浓度”的环境是致病的主要原因。欧洲早在1937年就发现矿工的肺病发病率是普通人的28.7倍。美国在二次大战后采取措施，人为控制了矿井的氡浓度，矿工发病率降低，对有3年工龄的907名矿工调查发现3人有肺病。这说明只要人为加以控制，氡的危害完全可以降低到最低程度。而更为常人所熟视无睹的土壤也释放“氡”。美国曾对国土资源进行过有关的调查，并划定了32个地区是不适宜居住的，而这些地区中有的早就建立了城市或居民区。在我国广东省阳江地区，放射性辐射指标达到了3.3mSv，卫生部跟踪调查了26年，并未发现该地区的发病率比其他地区高，所以说正常的放射性影响并不可怕。

对于人们正常情况下每年受到辐射的总剂量控制，我国标准规定不超过 1mSv，而美国则规定在 2mSv 时应考虑到一定量的放射性对人体的危害和空气中细菌对人体的危害是一样的，正常情况下人体的新陈代谢功能完全能够适应，不产生生理病变。从上文的结论中，我们了解到绝大部分的天然石材（约 85%）的放射性辐射强度都较小，对人体没有危害；只有少量含某些特殊成分的天然石材放射性可能偏大。而我国石材放射性标准在制定时已充分考虑到保障人民身体健康，在总的辐射剂量 1mSv 的控制前提下，扣除自然界以及其他材料的放射性后，划分了 A，B，C 三类。我国的标准远低于国际放射防护委员会规定的 100 贝克/m^2 标准，也比美国的相应标准还要严格。按所产生的氡气引起的辐射来定，A 类产品的规定是 70 贝克/m^2，可以使用于任何地方；B 类产品是 90 贝克/m^2，可用于除居室内饰面以外的一切建筑物的内外饰面材料。至于 C 类产品仅用作建筑物的外饰面材料和工业用途。

总体上来说，我国的大理石板岩放射性极低，无需检测，就可规属于 A 类产品。花岗石绝大多数属于 A 类产品，其余也基本是 B 类。

七、石材的选用原则

目前，石材的用途主要是作为外装修之用，与其他装修材料相比，其最大的特点在于石材系天然矿产，在许多方面如色系、质感、施工以及材料的取得等各方面均有其独特的条件，因此在选用时亦应用之适当。整体而言，石材选用应从以下几方面加以考虑。

1. 成本的考量

石材系属天然矿石，不同的石材由于其品质、数量、开采地等不同，在价格上往往也会有很大差异，因此，业主与设计师在选用时，应对其成本有深入的掌握。

2. 美学的表达

石材的颜色、花纹与质感等的选用，常因业主与设计师的喜好而有所不同，但若能对天然石材有较深入的认识，对其材质、色彩、维护与耐久性等特征有更深入的把握，才能在设计意图的表达上更能切题出彩。

3. 石材品质的掌握

1）材质的均一与完整：应尽量避免暗裂、黑疤与色差等问题。

2）石材的成分：

（1）避免石材内含有过高的硫化铁、氧化铁、盐分、炭质与黏土等有害物质。

（2）避免石材含辐射量过高。

（3）避免石材内有过高的热膨胀系数、导热及导电率的矿物成分，以避免裂纹、导热与导电的危害。

4. 耐久性的考量

采用石材作为装修材料时一般均希望石材能与结构体具有相同的耐久性，尤其是作为外墙与地坪装修时，其耐久性更为重要。因为只有具有良好耐久性的石材才可以永保建筑外装的美观，并确保石材的牢固与安全性，以免掉落伤及行人。然而，建筑外墙与地坪以石材安装，对石材本身具有很高的要求：

1）就物理性能方面而言，石材必须能承受诸多外力，包括重力、震动、风力、温度变化、磨损、自重等。

2）就化学性能方面而言，包括有水化、溶解、脱水、酸化、还原以及碳酸盐等化学作用侵蚀。

3）分子结构稳定的石材裸露于大气后，会使构成石材不同矿物质间的配合不良，如石灰石遇酸（亚硫酸气体与雨水）溶解后形成硫酸钙，会导致砂岩的崩塌等。

因此，选用石材时应尽量选择孔隙分布均匀、孔隙率低、吸水率低、硬度及抗压强度高者，才能达到耐久的要求。石材吸水率愈大愈容易吸附水分造成体积膨胀，而且由于吸收空气中的可溶性成分或盐分，会使得石材受到侵蚀，造成石材强度的减低。而选择孔隙率低的石材，才能避免因吸水率越大而越容易受风化而降低强度。

此外，比重较大的石材，抗压强度虽然较大，但却会增加结构体的载重，减低对地震的抵抗。而在选用具方向性层理的石材（如板岩、页岩）时，必须注意其不同方向的结构强度。

附录 2

木材的相关知识

一、木材的树种和分类

树木分为针叶树和阔叶树两大类，针叶树干直，木质较软、易加工、变形小。大部分阔叶树质密，木质较硬、加工较难、易翘裂、纹理美观，适用于室内装修。木材的树种和分类见表附 2-1。

木材的树种和分类　　表附 2-1

分类标准	分类名称	说明	主要用途
按树种分类	针叶树	树叶细长如针，多为常绿树，材质一般较软，有的含树脂，故又称软材，如：红松、落叶松、云杉、冷杉、杉木、柏木等都属此类	建筑工程、木制包装、桥梁、家具、造船、电杆、坑木、枕木、桩木、机械模型等
	阔叶树	树叶宽大，叶脉成网状，大部分为落叶树，材质较坚硬，故称硬材，如：樟木、水曲柳、青冈、柚木、山毛榉、色木等，都属此类，也有少数质地稍软的，如桦木、椴木、山杨、青杨等都属此类	建筑工程、木材包装、机械制造、造船、车辆、桥梁、枕木、家具、坑木及胶合板等
按材质分类	原条	指已经除去皮、根、树梢的木料，但尚未按一定尺寸加工成规定的材类	建筑工程的脚手架、建筑用材、家具装潢等
	原木	指已经除去皮、根、树梢的木料，并已按一定尺寸加工成规定直径和长度的木料	1. 未加工的原木：用于建筑工程（如屋梁、檩、椽等），桩木、电杆、坑木等 2. 加工原木：用于胶合板、造船、车辆、机械模型及一般加工用材等
	板方材	指已经加工锯解成材的木料，凡宽度为厚度的三倍或三倍以上的，称为板材，不足三倍的称为方材	建筑工程、桥梁、木制包装、家具、装饰等
	枕木	指按枕木断面和长度加工而成的成材	铁道工程

二、木材的性质

木材是人类生活中必不可少之材料，具有质轻，有较高强度，容易加工等优点，且某些树种纹理美观，但也有容易变形、易腐、易燃、质地不均匀、各方向强度不一致的缺点，且常有天然缺陷，故深入掌握、认识木材的性能，才能正确使用木材。

1. 木材强度

质地不均匀各向强度不一致是木材之重要特点。木材沿树干方向（顺纹）之强度较垂直树干之横向（横纹）大得多。各方面强度之大小，都与管形细胞之构造、排列有关。木纤维纵向联结最强，故顺纹抗拉强度最高。木材顺纹受压，每个细胞都好象一根管柱，压力大到一定程度细胞壁向内翘曲然后破坏，故顺纹抗压强度比顺纹抗拉强度小。横纹受压，管形细胞容易被压扁，所以强度仅为顺纹抗压强度之 1/8 左右，弯曲强度介于抗拉，抗压之间。

木材顺纹抗拉强度最高可由标准试件作拉力试验得出结果。实际上，木材常有木节、斜纹、裂缝等“疵病”，故抗拉强度将降低很多，一般木材多用作柱、桩、斜撑、屋架上弦等顺纹受压构件，疵病对顺纹抗压强度影响不是很大，强度值也较稳定。常说“立木顶千斤”很好地表达了木材顺纹抗压较强之特点。木材也用作受弯构件，如梁、板。对受弯构件之木材须严格挑选，避免疵病之影响。

2. 木材含水量对强度，干缩之影响

木材另一特性是含水量大小直接影响到木材的强度和体积。木材含水量即木材所含水分之重量与木材干重之比，亦称为含水率，取一块木材称一下重量，假定是 4.16kg，把它烘干到绝对干燥状态，再称重量是 3.4kg，则此木材之干重为 3.4kg，所含水分之重量为 4.16－3.4＝0.76kg。这块木材之含水率为：

含水率（w%）＝（含水木材之重量－干木材之重量）/（干木材之重量）×100%

＝0.76/3.4×100%＝22.3%

新伐木材细胞间隙充满水，木材之含水率在 100%以上，在场地堆放时，细胞腔里的水先蒸发出去，此时木材总重量减轻，但体积和强度都没有什么变化。到一定时候，细胞腔之水都蒸发完毕，可细胞壁里还充满水，此情况叫“纤维饱和”。这时含水率约为 30%，就规定含水率 30%为“纤维的饱和点”。含在细胞壁之水继续蒸发，引起细胞壁变化，这时，木材不但重量减轻，体积也开始收缩，强度开始增加。

木材强度随含水率变化是因为细胞壁纤维间之胶体“亲水”之故。水分蒸发后胶体塑性减小，胶结力增加，可以和纤维共同抵抗外力之作用。含水量变化对顺纹抗拉强度影响较小，对顺纹抗压强度和弯曲强度影响较大。例如松木在纤维饱和点顺纹抗压强度约为 $3KN/cm^2$。

木材因含水量减少引起体积收缩之现象称干缩，干缩也叫作“各向异性”。例如从纤维饱和点降到含水率 0 时，顺纹干缩甚小，约为 0.1%～0.3%，横纹径向干缩为 3.66%，弦向干缩最大 9.63%，体积干缩为 13.8%。所以当木材纹理不直不匀，表面和内部水分蒸发速度不一致，各部分干缩程度不同时，就出现弯、扭等不规则变形，就会出现裂缝。

木材强度变化和干缩为使用木材带来诸多不便，一方面木材水分可以被蒸发到空气中，同时空气中水分也会被吸进来，后一现象为“吸湿”，吸湿为木材之特性。木材含水率达到相对饱和点，其含水率过高或过低都会给木材基本物理性能带来不利因素。

对应某一空气湿度和相对湿度，就有一个木材含水率数值，这个值称为“平衡含水率”。例：当地室内平均湿度 32%，相对湿度 55%。从图中查出平衡含水率为 10%。家具类高档用材，一般含水率为 15%，一般木材制品（含木制包装），有关部门定为 18%～

25%左右为达标产品，因木材在含水率18%以下，木腐菌就无法生存繁殖。

3. 木材密度

所有木材的密度几乎相同，约为1.44～1.57，平均值为1.54，其表现密度因树种不同而稍有不同（见表附2-2）。

不同木材之表现密度（单位：kg/m^3）　　**表附2-2**

沙木	红松	柏木	铁杉	桦木	水曲柳	柞木	樟木	楠木	麻栎	梗木
376	440	588	500	635	686	376	529	610	956	702

三、木材特征及其定义

1. 异常着色

指因真菌而引起的任何木材变色。通常在板面上见到的是黑色线条。

2. 气干板材

指板材暴露于空气进行干燥，通常在储木场进行，干燥全为自然进行不涉及人工加热。

3. 树皮斑块

指板材表面含有树皮状斑块，但该斑块并不延伸至板材的侧面。

4. 木材腐朽

木材腐朽是指因真菌侵入而导致木材内部组成发生变化。

5. 木材变色

指原木因过度暴露于阳光使其颜色发生变化。

6. 疏松树节

当某一树节与其周围生长轮不连结在一起时，该树节被称为疏松树节。

7. 生材

指刚刚锯切下的木材。

8. 窑干板材

指在干燥窑里用人工加热的方法而进行干燥的板材。

9. 矿物质条纹和斑点

在硬枫和椴木中常会见到一些深色木材着色，这就是所谓的矿物质条纹和斑点。在无疵的锯切木板中，这类矿物质条纹和斑点或类似性质的条纹和斑点有关标准规定是允许存在的。但是很多树种，如硬枫（一等和二等）及椴木主要等级对板材表面着色都有限制条款。另外，无疵的锯切木板不能有任何含树皮的矿物质条纹。

10. 髓心

髓心指位于原木中心部位疏松的小圆柱。

11. 干燥而引起的裂纹

指木材因干燥而产生穿越若干年轮的开裂。无疵的锯切木板里不允许有这类裂纹存在，除非这些裂纹很浅。但在锯切木板里，如果这类裂纹不影响锯切木板的强度则是允许存在的。

12. 轮裂

年轮与年轮之间而出现的开裂称为轮裂。

13. 结实的树节

指不含树皮或腐朽的硬树节。

14. 木材开裂

指因木细胞撕开而导致的木材分裂。

15. 板材边角缺陷

该缺陷指板材边角含树皮或缺少一部分木材。

16. 板材变型

指板材表面上的各种变形，包括弓形凸起、弯曲、杯状变形、扭曲或若干种变形的组合。

四、各种木材缺陷的名称、定义和对材质的影响

下列木材缺陷的名称和定义适用于我国所有针叶树木材的圆材、锯材和单板产品。

1. 节子：包含在树干或主枝木材中产枝条部分称为节子。

1）活节：由树木的活枝条所形成。节子与周围木材紧密连生，质地坚硬，构造正常。

2）死节：由树木的枯死枝条所形成。节子与周围木材大部或全部脱离，质地坚硬或松软，在板材中有时脱落而形成空洞。

3）健全节：节子材质完好，系无腐朽迹象。

4）腐朽节：节子本身已腐朽，但并未透入树干内部，节子周围材质仍完好。

5）漏节：不但节子本身已经腐朽，而且深入树干内部，引起木材内部腐朽。因此漏节常成为树干内部腐朽的外部特征。

6）圆形节（包括椭圆形节——节子断面的长径与短径之比不足3）：节子断面呈圆形或椭圆形，多表现在圆材的表面和锯材的弦切面上。

7）条状节：在锯材的径面上呈长条状，即节子纵截面的长径与短径或长度之比等于3或3以上，多由散生节纵割而成。

8）掌状节：呈现在锯材的径切面上，成两相对称排列的长条状，多由轮生节纵割而成。

9）散生节：在树干上成单个地散生，这种节子最常见。

10）轮生节：围绕树干成轮状排列，在短距离内节子数目较多，常见于松、云杉等种属的树种。

11）群生节：两个或两个以上的节子簇生在一起，在短距离内节子数目较多。

12）岔节：因分岔的梢头与树干主干纵轴线成锐角而形成。在圆材上呈极长的圆形，在锯材和单板，呈椭圆形或长带状。

13）材面节：节子露于宽材面上（正方形即指四个纵向面上）。

14）材节：节子露于窄材面之上。

15）材棱节：节子露于边棱上。

16）贯通节：在相对材面或相邻材面贯通的节子。

节子破坏木材构造的均匀性和完整性，不仅影响木材表面的美观和加工性质，更重要的是降低木材的某些强度，不利于木材的有效利用。特别是承重结构所用木材的等级与节子尺寸的大小和数量有密切关系。节子影响木材利用的程度主要是根据节子的材质、分布位置、尺寸大小、密集程度和木材的用途而定。节子对顺纹抗拉强度的影响最大，其次是抗弯强度，特别是位于构件边缘的节子最明显，对顺纹抗压强度影响较小。与此相反，节子能提高横纹抗压和顺纹强度。

2. 变色：凡木材正常颜色发生改变的即叫做变色。有化学变色和真菌性变色等几种。

1) 化学变色：伐倒木由于化学和生物化学的反应过程而引起线红棕色、褐色或橙黄色等不正常的变色，即为化学变色。其颜色一般都比较均匀，且分布仅限于表层（深达1mm～5mm），经过干燥后即褪色变淡。但也有经水运的针叶材边材部分经快速干燥后产生黄斑的现象。

化学变色对木材物理、力学性质没有影响。严重时仅损害装饰材的外观。

2) 真菌性变色：木材因真菌侵入而引起的变色即为真菌变色。

(1) 霉菌变色：边材表面由霉菌的菌丝体和孢子体侵染所形成。其颜色随孢子和菌丝颜色以及所分泌的色素而异，有蓝、绿、黑、紫、红等不同颜色，通常呈分散的斑点状或密集的薄层。

对材质的影响，霉菌只限于木材表面，干燥后易于清除，但有时在木材表面会残留污斑，因而损害木材外观，但不改变木材的强度性质。

(2) 变色菌变色：系伐倒木边材在变色菌作用下所形成。最常见的是青变或叫青皮。其次是其他边材色斑，有橙黄色、粉红色或浅紫色、棕褐色等。这种缺陷主要是由于干燥迟缓或缺乏保管措施所引起。

对材质的影响：变色菌的变色，一般不影响木材的物理力学性质，但严重青变时，对木材抗冲击强度稍有降低，并加大其吸水性，损害木材外观。通常这种变色不会形成腐朽。

(3) 腐朽菌变色：系朽菌侵入木材初期所形成。最常见的是红斑，有的呈浅红褐色、棕褐色或紫红色，也有的呈淡黄白色或粉红褐色等。所有破坏木材的真菌，在其开始活动时，都将引起木材的变色。心材红斑或其他色斑，多由于树木在生长期中木腐菌侵入初期所引发。边材红斑或其他色斑，则是伐倒木或锯材因保管不善导致木腐菌侵入所引起。

对材质的影响：腐朽初期变色的木材仍保持原有的构造和硬度，其物理、力学性质基本没有变化，但有的抗冲击强度稍有降低，吸水性能略有增加，并损害外观。在环境潮湿或不适当的保管和使用情况下，将发展成为腐朽。

3. 腐朽：木材由于木腐菌的侵入，逐渐改变其颜色和结构，使细胞壁受到破坏，物理、力学性质随之发生变化，最后变得松软易碎，呈筛孔状或粉末状等形态，这种状态即称为腐朽。

1) 白腐：即白色腐朽。主要由白腐菌破坏木素，同时破坏纤维素所形成。受害木材多呈白色或淡黄白色或浅红褐色或暗褐色等，具有大量浅色或白色斑点，并显露出纤维状结构。其外观多似蜂窝，状如筛孔，也叫筛孔状腐朽，或叫腐蚀性腐朽。白腐后期，材质松软，容易剥落。

2）褐腐：即褐色腐朽。主要由褐腐菌破坏纤维素所形成。外观呈红褐色棕褐色，质脆，中间有纵横交错的块状裂隙。褐腐后期，受害木材很容易捻成粉末，所以称为粉末状腐朽，或叫破坏性腐朽。

（1）边材腐朽（外部腐朽）：树木伐倒后，因木腐菌自边材外表侵入所形成。因边腐产生在树干周围的边材部分，故又称外部腐朽。通常枯立木、倒木也容易引起边腐，而木材保管不善是导致边材腐朽的主要原因，如遇合适环境条件，边腐会继续发展。

（2）心材腐朽（内部腐朽）系立木受木腐菌侵害所形成的心材（或熟材）部分的腐朽。因在树干内部，故又称内部腐朽。多数心材腐朽在树木伐倒后，不会继续发展。心材腐朽呈空心状，空心周围材质坚硬者，称为“铁眼”。

（3）根部腐朽：简称根腐。通常由木腐菌自根部的外伤侵入树干心材而形成。腐朽沿树干上升，越往上越小似楔形。

（4）干部腐朽：简称干腐。通常由木腐菌自树枝折断处或树干外伤侵入树干心材所成。腐朽一般向上、下蔓延，状似雪茄形。

腐朽对材质的影响：腐朽严重影响木材的物理、力学性质，使木材重量减轻，吸水量加大，强度降低，特别是硬度降低较明显。通常褐腐对强度的影响最为显著，褐腐后期，强度基本上接近于0，白腐有时还能保持木材一定的完整性。一般完全丧失强度的腐朽材，其使用价值也就随消失。

4. 虫害：因各种昆虫害而造成的缺陷称为木材虫害。

虫眼（虫孔）：各种昆虫所蛀的孔道，叫做虫孔或称虫眼。

1）表面虫眼和虫沟：指昆虫蛀蚀圆材的径向深度不足10mm的虫眼和虫沟。

2）小虫眼：指虫孔最小直径不足3mm的虫眼。

3）大虫眼：指虫孔最小直径自3mm以上的虫眼。

虫害对材质的影响：表面虫害和虫沟常可随板皮一起锯除，故对木材的利用基本上没有什么影响。分散的小虫眼影响也不大，但深度在10mm以上的大虫眼和深而密集的小虫眼，能破坏木材的完整性，并降低其力学性质，而且虫眼也是引起边材变色和腐朽的重要通道。

五、关于木材加工的一些专用词汇

1. sawing 锯解
2. peeling 剥皮，旋切
3. slicing 刨切
4. planing 剥削，刨平
5. molding 模压，铸造
6. shaping 修整，成型
7. turning 旋制，车削
8. boring 钻孔，镗孔
9. sanding 砂光，砂磨
10. cutting 锯截，切削

11. sash gang saw 框式排锯
12. circular saw 圆锯
13. band saw 带锯
14. chain saw 链锯
15. ripsaw 纵剖锯
16. bucking saw 造材锯
17. trim saw 截锯机
18. miter saw 斜截锯
19. scroll saw 曲线锯
20. resaw 再剖锯，再锯机
21. head rig 主锯，头道锯
22. head saw 主锯，头道锯
23. edger 齐边机，圆锯裁边机
24. trimmer（多锯片）截锯机
25. inserted-tooth saw 嵌齿锯
26. carbide-tipped saw 硬质合金镶齿锯
27. satellite-tipped saw 斯太莱合金镶齿锯
28. horizontal slicer 卧式单板刨切机
29. vertical slicer 立式单板刨切机

主要参考文献

1 孟兆祯，毛培琳，黄庆喜，梁伊任. 园林工程. 北京：中国林业出版社，1996

2 李尚志等. 适用草坪与造景. 广州：广东科技出版社，2002

3 中国建筑标准设计研究所. 室外工程. 北京：中国建筑标准设计研究所出版，2002

4 北京有色冶金设计研究总院. 道路. 北京：中国建筑标准设计研究所出版，2002

5 《建筑设计资料集》编委会. 建筑设计资料集（第二版）第8集. 北京：中国建筑工业出版社，1996

6 阿伦·布兰克著. 园林景观构造及细部设计. 罗福午，黎钟译. 北京：中国建筑工业出版社，2002

7 埃米莉·科尔著. 世界建筑经典图鉴. 陈镌，王方戟译. 上海：上海人民美术出版社，2003

8 尼古拉斯·T·丹尼斯，凯尔·D·布朗著. 景观设计师便携手册. 刘玉杰，吉庆萍，俞孔坚译. 北京：中国建筑工业出版社，2002

9 詹姆斯·埃里森著. 园林水景. 姜怡，姜欣译. 大连：大连理工大学出版社，2002

10 吴为廉. 景观与景园建筑工程规划设计（上册）. 北京：中国建筑工业出版社，2005

11 吴为廉. 景观与景园建筑工程规划设计（下册）. 北京：中国建筑工业出版社，2005

12 丰田幸夫著. 风景建筑小品设计图集. 黎雪梅译. 北京：中国建筑工业出版社，1999

13 凯瑟林·迪伊编著. 景观建筑形式与纹理. 周剑云，唐孝祥，侯雅娟译. 杭州：浙江科技技术出版社，2003

14 潘雷. 景观设计CAD图块资料集. 北京：中国电力出版社，2005

15 赫伯特·德莱瑟特尔，迪特尔·格劳，卡尔·卢德维格编辑. 德国生态水景设计. 任静，赵黎明译. 沈阳：辽宁科学技术出版社，2003

16 海伦·纳什，爱门·黑夫编著. 庭院水景设计与建造（二）. 深圳市创福实业有限公司翻译部译. 北京：北京出版社，1999

17 中国林木网

致　　谢

本书的编写得到了陈顺安教授的精心指导和帮助。他对编写思路的深入指引和对项目概念的耐心讲解，使我们以全新的角度来看待景观项目设计，为本书的编写拓展了思路。陈顺安教授在景观教学与设计中的独特见解，给予我们无限灵感，他诲人不倦的精神，不断开拓进取的态度，始终激励和鞭策着我们奋发进取，不断创新。在此，谨向陈顺安教授致以衷心的感谢和无限的敬意。

同时，我们也要向湖北美术学院环境艺术研究所、湖北美术学院环境艺术系和武汉市七星设计有限责任公司的老师、同事和朋友们等为此书提供基础资料和案例所投入大量的时间和精力及所做工作表示由衷的感谢。

参加本书编写的还有：

潘延宾、郭凯、王飞、宋南、叶勇、丁凯、王鸣峰、黄学军、张进、梁竞云、舒菲、曹丹、李洁心、尹传垠、陈顺安、孙一宁、窦强

编者